新一代信息技术系列教材

基于新信息技术的 Android实战基础教程(第二版)

主　编　刘　群　　何永亚　　谢钟扬

副主编　武海华　马　创　谢　虎　黄国芳

　　　　李佳楠　周　南　赵　巍

主　审　马　庆

西安电子科技大学出版社

内 容 简 介

　　本书主要介绍了 Android 开发过程中常用的知识点，包括四大组件中的 Activity、Service、BroadcastReceiver 以及自定义控件，详细介绍了 Android 开发过程中的重点和难点，并给出了三个实际案例。

　　本书适合于有 Java 编程基础的学习者，可作为高等学校及相关培训机构的教材。

图书在版编目(CIP)数据

　　基于新信息技术的 Android 实战基础教程 / 刘群，何永亚，谢钟扬主编. —2 版. —西安：西安电子科技大学出版社，2023.1
ISBN 978-7-5606-6565-8

　　Ⅰ. ①基… Ⅱ. ①刘… ②何… ③谢… Ⅲ. ①移动终端—应用程序—程序设计—教材 Ⅳ. ①TN929.53

中国版本图书馆 CIP 数据核字(2022)第 127622 号

策　　划　杨丕勇
责任编辑　杨丕勇
出版发行　西安电子科技大学出版社(西安市太白南路 2 号)
电　　话　(029)88202421　88201467　　　邮　　编　710071
网　　址　www.xduph.com　　　　电子邮箱　xdupfxb001@163.com
经　　销　新华书店
印刷单位　咸阳华盛印务有限责任公司
版　　次　2023 年 1 月第 2 版　　2023 年 1 月第 1 次印刷
开　　本　787 毫米×1092 毫米　1/16　印 张　13
字　　数　303 千字
印　　数　1～3000 册
定　　价　36.00 元
ISBN 978 - 7 - 5606 - 6565 - 8 / TN
XDUP 6867002-1
如有印装问题可调换

前　言

移动互联网已经成为当今世界发展最快、市场潜力最大、前景最诱人的领域，而 Android 平台则是移动互联网市场占有率最高的平台。

Android 技术的应用范围非常广泛，智能手机、智能终端等越来越多的智能设备都采用了 Android 技术。科技的发展使得 Android 技术应用领域迅速扩张，市场对于 Android 系统开发人员的需求也呈爆炸式增长。本书是为具有一定基础的 Android 技术人员编写的，主要介绍在实际开发过程中常用的知识要点，并结合这些知识要点引入相关案例，以便增强学习者的学习兴趣，提高其学习能力。

本书由湖南软件职业技术大学刘群、何永亚、谢钟扬担任主编，长沙职业技术学院武海华、武汉职业技术学院马创、湖南软件职业技术大学谢虎、长沙南方职业学院黄国芳、湖南民族职业学院李佳楠、湖南交通工程学院周南、湖南电子科技职业学院赵巍担任副主编。湖南软件职业技术大学马庆主审了本书，在此表示感谢。

由于编者水平有限，书中难免有不足之处，敬请专家和其他读者批评指正。

编　者

2022 年 6 月

目　　录

第 1 章　Android 应用开发环境

目前，Android 系统已经成为全球应用最广泛的手机操作系统，三星、华为、小米等手机厂商早已通过 Android 系统取得了巨大成功。目前国内对 Android 系统开发人才的需求也在迅速增长，搭载 Android 系统的手机越来越不像手机，更像一台小型计算机，因此手机软件必将在未来 IT 行业中占有举足轻重的地位——人们不可能带着一台电脑到处跑，而且时时开着机，但手机可以做到。从发展趋势上看，Android 系统开发人才的需求会越来越大。

本书所介绍的是 Android 4.2 平台，该版本的 Android 平台经过几年的沉淀，不仅功能强大，而且高效、稳定。本章主要介绍 Android 的发展和架构、Android 开发环境的搭建、Android 常见指令 Android 的日志工具 Log。

1.1　Android 的发展和架构

Android 系统是由 Android 公司的创始人 Andy Rubin 开发的一个手机操作系统，后来该公司被 Google 公司收购，而 Andy Rubin 也成为 Google 公司的 Android 产品负责人。Google 公司希望与各方共同建立一个标准化、开放式的移动电话软件平台，从而在移动产业内形成一个开放式操作平台。

1.1.1　Android 的发展

Android 1.0 手机操作系统是 Google 公司于 2007 年 11 月 5 日发布的，这个版本的 Android 系统并没有赢得市场的广泛支持。

2009 年 5 月，Google 公司发布了 Android 1.4，该版本提供了一个十分 "豪华" 的用户界面，而且提供了蓝牙连接支持。这个版本的 Android 吸引了大量开发者的目光。之后，Android 版本更新得较快，目前最新的 Android 版本是 12.0。

目前 Android 系统已成为一个重要的手机操作系统。除此之外，市场上常见的其他手机操作系统有：

- iOS：Apple 公司的手机、平板操作系统，市场占有率较高。
- WindowsPhone：Microsoft 公司的手机操作系统，2012 年发布了 WindowsPhone 8，但应用前景依然不够明朗。
- Symbian：已被淘汰。
- BlackBerry：已停止服务。

从 2008 年 9 月 22 日，T-Mobile 在纽约正式发布第一款 Android 手机——T-Mobile G1 开始，Android 系统受到了各个手机厂商的青睐。

2010 年 1 月 7 日，Google 在其美国总部正式向外界发布了旗下首款合作品牌手机 Nexus One(HTC G5)，同时开始对外发售。

目前 Android 系统的市场占有率已经远超 iOS 系统。对于 WindowsPhone，Microsoft 全力以赴，希望至少能够与 iOS、Android 三足鼎立，但目前局势似乎并不乐观。因而无论从哪个角度来讲，Android 系统都已成为最主流的手机操作系统。

目前国内手机厂商主要生产 Android 操作系统的手机，因为 Android 手机平台是一个真正的开放式平台，无须支付任何费用即可使用。出于自身研发费用的考虑，对于手机生产厂商，Android 操作平台是一个不错的选择。

目前，已发布搭载 Android 系统的主要手机厂商包括三星、小米、联想等。

1.1.2 Android 平台架构及其特性

Android 系统的底层建立在 Linux 系统之上，该平台由操作系统、中间件、用户界面和应用软件 4 层组成，采用一种被称为软件叠层(SoftwareStack)的方式进行构建。软件叠层结构使得层与层之间相互分离，各层有明确的分工，这种分工保证了层与层之间的低耦合，当下层的层内或层下发生改变时，上层应用程序无须任何改变。

图 1.1 显示了 Android 系统的体系构架。

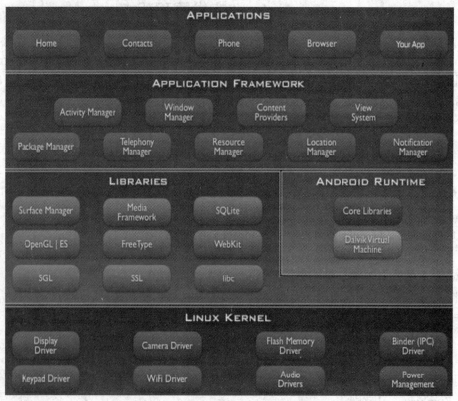

图 1.1

从图 1.1 中可以看出，Android 系统主要由 5 部分组成，下面分别对这 5 部分进行简单介绍。

1．应用程序层(APPLICATIONS)

　　Android 系统的核心应用程序，包括电子邮件客户端、SMS 程序、日历、地图、浏览器、联系人等，都是用 Java 语言编写的。本书所要介绍的主要内容就是如何编写 Android 系统上的应用程序。

2．应用程序框架(APPLICATION FRAMEWORK)

　　当我们开发 Android 应用程序时，是基于面向对象的应用程序框架进行的。从这个意义上看，Android 系统上的应用程序是完全平等的，不论是 Android 系统提供的程序，还是普通开发者提供的程序，都可以访问 Android 提供的 API 框架。

　　Android 应用程序框架提供了大量 API 以供开发者使用。这些 API 的具体功能和用法将在本书后面详细介绍，此处不再展开阐述。

　　应用程序框架除了可以作为应用程序开发的基础之外，也是软件复用的重要手段，任何一个应用程序都可以发布它的功能模块——只要发布时遵守了框架的约定，其他应用程序就可以使用这个功能模块。

3．函数库(LIBRARIES)

　　Android 包含了一套被不同组件所用的 C/C++库的集合。一般来说，Android 应用开发者不能直接调用这套 C/C++库集，但可以通过应用程序框架来调用这些库。

　　下面列出一些核心库。

> - libc：一个从 BSD 系统派生出来的标准 C 系统库，并且专门为嵌入式 Linux 设备进行过调整。
> - Media Framework：基于 PacketVideo 的 OpenCore，这套媒体库支持播放和录制许多流行的音频和视频格式，以及查看静态图片，主要包括 MPEG4、H.264、MP3、AAC、AMR、JPG、PNG 等多媒体格式。
> - Surface Manager：管理对于现实子系统的访问，并可以对多个应用系统的 2D 和 3D 图层机提供无缝整合。
> - WebKit：一个全新的 Web 浏览器引擎，该引擎为 Android 浏览器提供支持，也为 WebView 提供支持，WebView 可以完全嵌入开发者自己的应用程序中。本书后面会有关于 WebView 的介绍。
> - SGL：底层的 2D 图形引擎。
> - OpenGL ES：基于 OpenGLES 1.0 API 实现的 3D 系统，该套 3D 库既可以使用硬件 3D 加速(如果硬件系统支持)，也可以使用高度优化的软件 3D 加速。
> - FreeType：用于显示位图和向量字体。
> - SQLite：供所有应用程序使用的、功能强大的轻量级关系数据库。

4．Android 运行时(ANDROID RUNTIME)

　　Android 运行时由两部分组成：Android 核心库集和 Dalvik 虚拟机。其中，Android 核心库集提供了 Java 语言核心库所能使用的绝大部分功能；Dalvik 虚拟机则负责运行 Android 应用程序。

提示：Android 运行时和 JRE 类似。就像《疯狂 Java 讲义》(李刚，电子工业出版社于 2008 年 9 月出版)一书中解释的，JRE 包括 JVM 和其他功能函数库，此处的 Android 运行时则包括 Dalvik 虚拟机和 Android 核心库集。

每个 Android 应用程序都运行在单独的 Dalvik 虚拟机内(即每个 Android 应用程序对应一条 Dalvik 进程)，Dalvik 专门针对同时高效运行的多个虚拟机进行了优化，因此 Android 系统已方便地实现了对应用程序的隔离。

由于 Android 应用程序的编写语言是 Java，因此有些人会把 Dalvik 虚拟机和 JVM 搞混，但实际上二者是有区别的，Dalvik 并未完全遵守 JVM 规范，两者也不兼容。实际上，JVM 虚拟机运行的是 Java 字节码(通常是指.class 文件)，但 Dalvik 运行的是其专有的 dex(Dalvik Executable)文件。JVM 直接从.class 文件或 JRE 包中加载字节码，然后运行；而 Dalvik 则无法直接从.class 文件或 JRE 包中加载字节码，它需要通过 DX 工具将应用程序的所有.class 文件编译成.dex 文件后再运行。

Dalvik 虚拟机非常适合在移动终端上使用。相对于 PC 或服务器上运行的虚拟机而言，Dalvik 虚拟机不需要很快的 CPU 计算速度和大量的内存空间。Dalvik 虚拟机主要有如下几个特点：

> 运行专有的.dex 文件。专有的.dex 文件减少了.class 文件中的冗余信息，而且会把所有.class 文件整合到一个文件中，从而提高运行性能；DX 工具会对.dex 文件进行一些性能优化。

> 基于寄存器实现。大多数虚拟机(包括 JVM)都是基于栈的，而 Dalvik 虚拟机则是基于寄存器的。一般来说，基于寄存器的虚拟机具有更好的性能表现，但在硬件通用性上略差。

> Dalvik 虚拟机依赖于 Linux 内核提供的核心功能，如线程和底层内存管理。

5. Linux 内核(LINUX KERNEL)

Android 系统建立在 Linux 2.6 之上。Linux 内核提供了安全性、内存管理、进程管理、网络协议栈和驱动模型等核心系统服务。除此之外，Linux 内核也是系统硬件和软件叠层之间的抽象层。

1.2　搭建 Android 开发环境

在开始搭建 Android 开发环境之前，假定读者已经具有一定的 Java 编程基础，因此 JDK 安装、环境设置之类的入门知识不在本书的介绍范围内。如果读者暂时还不会这些知识，建议先学习 Java 入门知识。

下面将从 Android SDK 的安装开始，详细说明 Android 开发、调试环境的安装和使用。这些内容是 Android 开发的基础。

1.2.1　下载和安装 Android SDK

Android 的官方网站是 http://www.android.com，登录该站点即可下载 Android SDK。下

载和安装 Android SDK 的步骤如下：

(1) 在百度中搜索"android-sdk_r21-windows.zip"文件。

(2) 找到页面上的"android-sdk_r21-windows.zip"链接，通过该链接即可下载 Android 4.2 SDK 压缩包。

(3) 下载完成后得到一个 android-sdk_r21-windows.zip 文件，将该文件解压缩到任意路径下。解压缩后得到一个 android-sdk-windows 文件夹，该文件夹下包含：

➢ add-ons：该目录下存放第三方公司为 Android 平台开发的附加功能系统。刚解压缩时该目录为空。

➢ platforms：该目录下存放不同版本的 Android 系统。刚解压缩时该目录为空。

➢ tools：该目录存放了大量 Android 开发、调试工具。

➢ AVD Manager.exe：该程序是 AVD(Android 虚拟设备)管理器，通过该工具可以管理 AVD。

➢ SDK Manager.exe：该程序是 Android SDK 管理器，通过该工具可以管理 Android SDK。

(4) 启动 SDK Manager.exe，即可看到如图 1.2 所示的窗口。

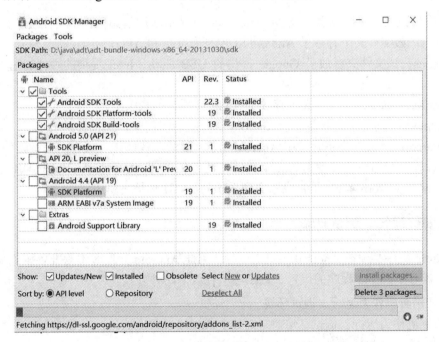

图 1.2

(5) 在图 1.2 所示窗口左侧的列表中勾选需要安装的平台和工具，比如 Android 4.2 的工具和平台，其中 Android 文档、SDK Platform 是必选的。如果想查看 Android 官方提供的示例程序，使用 Android SDK 的源代码，则可以勾选"Documentation for Android 'L' Preview"列表项。至于是否需要安装 Android 早期版本的 SDK，则取决于读者的喜好。选中所需要安装的工具之后，点击"Install packages"按钮，将出现如图 1.3 所示的窗口。

(6) 单击图 1.3 所示窗口中的"Accept"单选按钮，确认需要安装所有的工具包，然后单击"Install"按钮，系统开始在线安装 Android SDK 及其相关工具。安装时间取决于读者的网络状态及选中的工具包的数量。在线安装时间不会太短，甚至可能花费一两个小时，耐心等待即可。

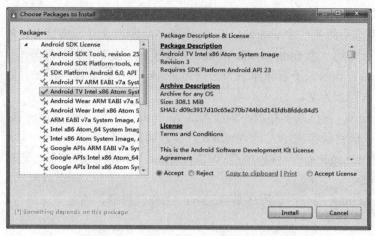

图 1.3

(7) 安装完成后将可以看到在 Android SDK 目录下增加了如下几个文件夹：

● docs：该文件夹下存放了 Android SDK 开发文件和 API 文档等。

● extras：该文件夹存放了 Google 提供的 USB 驱动、Intel 提供的硬件加速等附加工具包。

● platform-tools：该文件夹下存放了 Android 平台的相关工具。

● samples：该文件夹下存放了 Android 平台的示例程序。

● sources：该文件夹下存放了 Android SDK 4.2 的源代码。

(8) 在命令窗口中可以使用 Android SDK 的各种工具，建议将 Android SDK 目录下的 tools 子目录、platform-tools 子目录添加到系统的 PATH 环境变量中。

1.2.2　安装运行、调试环境

Android 程序必须在 Android 手机上运行，因此 Android 开发时不需准备相关运行、调试环境。准备 Android 程序的运行、调试环境有以下两种方式。

1. 使用真机作为运行、调试环境

使用真机作为运行、调试环境时，需要完成以下 3 步。

(1) 用 USB 连接线将 Android 手机连接到电脑上。

(2) 在电脑上为手机安装驱动，不同手机厂商的 Android 手机的驱动略有差异，请登录该手机厂商官网下载手机驱动。

需要注意的是，电脑仅能识别 Android 手机的存储卡是不够的，安装驱动才能把 Android 手机整合成运行、调试环境。

(3) 打开手机，依次点击"所有应用"—"设置"—"开发者选项"，进入如图 1.4 所示的设置界面。勾选"不锁定屏幕""USB 调试""允许模拟位置"3 个选项即可。如果开发者还有其他需要，也可以勾选其他开发者选项。

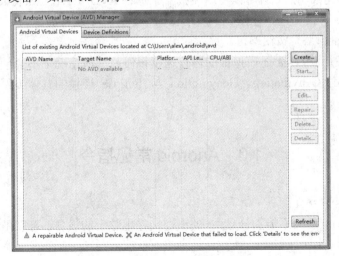

图 1.4

2．使用 AVD 作为运行、调试环境

Android SDK 为开发者提供了可以在电脑上运行的"虚拟手机"——Android Virtual Device(AVD)。如果开发者没有 Android 手机，则可以在 AVD 上运行编写的 Android 应用。

创建、删除和浏览 AVD 之前，通常应该先为 Android SDK 设置一个环境变量 ANDROID_SDK_HOME，该环境变量的值为磁盘上一个已有的路径。如果不设置该环境变量，则开发者创建的虚拟设备默认保存在 C:\Documents and Settings\<user_name>\.android 目录下(以 Windows XP 为例)；如果设置了 ANDROID_SDK_HOME 环境变量，那么虚拟设备就会保存在%ANDROID_SDK_HOME%/.Android 路径下。

在图形界面下管理 AVD 比较简单，可以借助 Android SDK 和 AVD 管理器，在图形用户界面下完成操作，这种方式比较适合新用户。

(1) 通过 Android SDK 安装目录下的 AVDManager.exe 启动 AVD 管理器，系统启动如图 1.5 所示的 AVD 管理器。单击该管理器中的"Android Virtual Devices"项，管理器列出当前已有的 AVD 设备，如图 1.5 所示。

图 1.5

(2) 单击图 1.5 所示窗口中的"Create..."按钮，AVD 管理器弹出如图 1.6 所示的对话框。

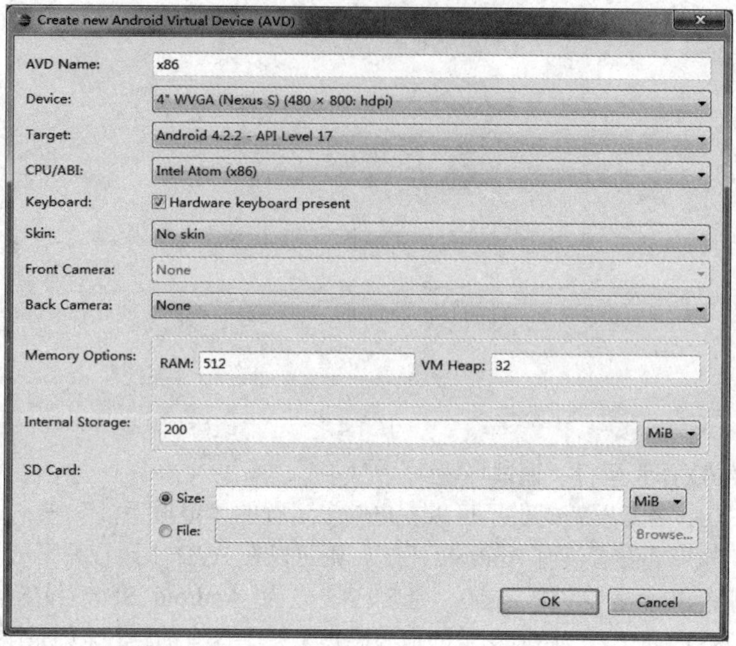

图 1.6

(3) 在图 1.6 所示的对话框中填写 AVD 设备的名称、Android 平台的版本和虚拟 SD 卡的大小，然后单击该对话框下面的"OK"按钮，管理器即开始创建 AVD 设备，开发者只要稍作等待即可。

创建完成后，返回图 1.5 所示的窗口，该管理器将会列出当前所有可用的 AVD 设备。如果开发者想删除某个 AVD 设备，只要在图 1.5 所示窗口中指定 AVD 设备，然后单击右边的"Delete..."按钮即可。

AVD 设备创建成功后，就可以使用模拟器来运行 AVD 了。在 Android SDK 和 AVD 管理器中运行 AVD 非常简单，在图 1.5 所示窗口中选择需要运行的 AVD 设备，单击图 1.5 所示窗口中的"Start..."按钮即可。

在实际开发过程中，上述模拟机的运行速度很慢，一般情况下不会使用，通常是通过真机调试或者使用 Genymotion。Genymotion 与 Eclipse 连接的具体步骤，读者可以自行学习。

1.3 Android 常见指令

Android 常用指令有：

(1) adb devices(后面不能加分号;)：列出连接在电脑上的设备，可以是模拟器或真实手机。例如：

```
C:\Users\hacket>adb devices
List of devices attached
emulator-5556    device
emulator-5554    device
```

(2) adb install helloworld.apk(一个设备)：安装一个 apk。例如：

```
C:\Users\hacket\Desktop>adb install helloworld.apk
error: more than one device and emulator
- waiting for device -
```

如果有多个设备，则会报错误，此时用-s 设备名指定设备。例如：

```
C:\Users\hacket\Desktop>adb -s emulator-5554 install 1.apk
81 KB/s (225886 bytes in 2.707s)
        pkg: /data/local/tmp/1.apk
Success
```

(3) adb uninstall (包名) (一个设备)：卸载 apk。如果有多个设备，则用-s 设备名指定设备。例如：

```
C:\Users\hacket\Desktop>adb -s emulator-5554 uninstall cn.zengfansheng.helloworl
d
Success
```

(4) adb kill-server：把 adb 调试桥的服务杀死 (注意：kill 和-server 之间没有空格)。

(5) adb start-server：把 adb 调试桥的服务重新开启(注意：start 和-server 之间没有空格)。

(6) netstat -ano：查看网络连接状态

(7) adb pull：从手机里面提取一个文件，也可提取多个文件。例如：

```
    adb -s emulator-5554 pull /mnt/sdcard/1.apk
```

(8) adb push：把电脑上的文件放在手机里面。例如：

```
C:\Users\hacket\Desktop>adb -s emulator-5554 push Helloworld.apk /sdcard/1.apk
82 KB/s (225886 bytes in 2.659s)
```

1.4　Android 的日志工具 Log

Android 中的日志工具类是 Log(android.util.Log)，该类中提供了以下几个方法用于打印日志。

1. Log.v()

Log.v() 方法用于打印那些最为琐碎的、意义最小的日志信息，对应级别为 verbose(Android 日志里面级别最低的一种)。

2. Log.d()

Log.d() 方法用于打印一些调试信息，这些信息对调试程序和分析问题是有帮助的，对应级别为 debug(比 verbose 高一级)。

Log.d 方法中传入了两个参数：第一个参数是 tag，一般传入当前的类名，主要用于过滤打印信息；第二个参数是 msg，给出要打印的具体内容。

3．Log.i()

Log.i()方法用于打印一些比较重要的数据，这些数据可以分析用户行为，对应级别为 info(比 debug 高一级)。

4．Log.w()

Log.w()方法用于打印一些警告信息，提示程序在这个地方可能会有潜在的风险，应尽快修复，对应级别为 warn(比 info 高一级)。

5．Log.e()

Log.e()方法用于打印程序中的错误信息，比如程序进入 catch 语句中。当有错误信息打印出来的时候，一般代表程序出现了严重问题，必须尽快修复。Log.e()方法对应级别为 error(比 warn 高一级)。

第2章 布 局

2.1 线 性 布 局

线性布局分为 vertical 垂直线性布局和 horizontal 水平线性布局，开发者可以根据自己的需要选择。

LinearLayout 是线性布局控件，它包含的子控件将以横向或竖向的方式按照相对位置来排列所有 widget 或者其他 container。当超过边界时，某些控件将缺失或消失。因此一个垂直列表的每一行只会有一个 widget 或者 container，而不管它们有多宽；一个水平列表只会有一个行高(高度为最高子控件的高度加上边框高度)。LinearLayout 保持其所包含的 widget 或者 container 之间的间隔以及对齐方式(相对于一个控件右对齐、中间对齐或者左对齐)。

LinearLayout 属性如下：

- android:orientation：定义布局的方向——水平(horizontal)或垂直(vertical)。
- android:layout_weight：子元素对未占用空间水平或垂直分配权重值，其值越小，权重越大。
- android:layout_width：宽度(fill_parent 由父元素决定，wrap_content 由本身的内容决定)。
- android:layout_height：高度(直接指定一个 px 值)。
- android:gravity：内容的排列形式(常用的有 top、bottom、left、right, center)。

下面根据一个实例来介绍线性布局。

新建项目 MyLayout，在 activity_main 中添加 4 个按钮：

activity_main.xml 的代码如下：

```xml
<LinearLayout xmlns:android="http://schemas.android.com/apk/res/android"
    xmlns:tools="http://schemas.android.com/tools"
    android:layout_width="match_parent"
    android:layout_height="match_parent"
    android:orientation="vertical">
    <!-- 按钮 1 -->
    <Button
        android:layout_width="wrap_content"
        android:layout_height="wrap_content"
        android:id="@+id/button1"
        android:text="button1" />
```

```xml
        <!-- 按钮 2 -->
        <Button
            android:layout_width="wrap_content"
            android:layout_height="wrap_content"
            android:id="@+id/button2"
            android:text="button2" />
        <!-- 按钮 3 -->
        <Button
            android:layout_width="wrap_content"
            android:layout_height="wrap_content"
            android:id="@+id/button3"
            android:text="button3" />
        <!-- 按钮 4 -->
        <Button
            android:layout_width="wrap_content"
            android:layout_height="wrap_content"
            android:id="@+id/button4"
            android:text="button4" />
    </LinearLayout>
```

MainActivity 的代码如下：

```java
public class MainActivity extends Activity {

    @Override
    protected void onCreate(Bundle savedInstanceState) {
        super.onCreate(savedInstanceState);
        setContentView(R.layout.activity_main);
    }
}
```

启动模拟器，运行结果如图 2.1 所示。

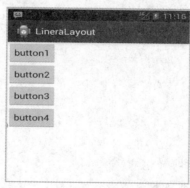

图 2.1

2.2 相 对 布 局

RelativeLayout 称为相对布局，也是一种非常常用的布局。和 LinearLayout 的排列规则不同，RelativeLayout 显得更加随意一些，可以通过相对的定位方式让控件出现在布局的任何位置，因此，RelativeLayout 中的属性非常多。

RelativeLayout 的属性如下：

1. 属性值为具体像素值的属性

android:layout_marginBottom： 离某元素底边缘的距离。

android:layout_marginLeft：离某元素左边缘的距离。

android:layout_marginRight： 离某元素右边缘的距离。

android:layout_marginTop：离某元素上边缘的距离。

2. 属性值为 true 或是 false 的属性

android:layout_alignParentBottom：控制该组件是否和布局管理器底端对齐。

android:layout_alignParentLeft： 控制该组件是否和布局管理器左边对齐。

android:layout_alignParentRight：控制该组件是否和布局管理器右边对齐。

android:layout_alignParentTop：控制该组件是否和布局管理器顶部对齐。

3. 属性值为其他组件 ID 的属性

android:layout_toLeftOf：本组件在某组件的左边。

android:layout_toRightOf：本组件在某组件的右边。

android:layout_above：本组件在某组件的上方。

android:layout_below： 本组件在某组件的下方。

下面以一个项目为例来讲述相对布局的属性。

创建项目 MyRelativeLayout，修改 activity_main.xml 的代码(添加五个按钮控件)。

activity_main.xml 的代码如下：

```xml
<RelativeLayout xmlns:android="http://schemas.android.com/apk/res/android"
    xmlns:tools="http://schemas.android.com/tools"
    android:layout_width="match_parent"
    android:layout_height="match_parent">
<!-- 按钮 1 -->
<Button
    android:layout_width="wrap_content"
    android:layout_height="wrap_content"
    android:layout_centerInParent="true"
    android:id="@+id/button1"
    android:text="button1" />
<!-- 按钮 2 -->
```

```xml
        <Button
            android:layout_width="wrap_content"
            android:layout_height="wrap_content"
            android:id="@+id/button2"
            android:text="button2"
            android:layout_above="@+id/button1"
            android:layout_toLeftOf="@+id/button1"/>
        <!-- 按钮 3 -->
        <Button
            android:layout_width="wrap_content"
            android:layout_height="wrap_content"
            android:id="@+id/button3"
            android:text="button3"
            android:layout_below="@+id/button1"
            android:layout_toLeftOf="@+id/button1"
            />
        <!-- 按钮 4 -->
        <Button
            android:layout_width="wrap_content"
            android:layout_height="wrap_content"
            android:id="@+id/button4"
            android:text="button4"
            android:layout_above="@+id/button1"
            android:layout_toRightOf="@+id/button1"/>
        <!-- 按钮 5 -->
        <Button
            android:layout_width="wrap_content"
            android:layout_height="wrap_content"
            android:id="@+id/button5"
            android:text="button5"
            android:layout_below="@+id/button1"
            android:layout_toRightOf="@+id/button1"/>
    </RelativeLayout>
```

MainActivity 的代码如下：

```java
MainActivity.java 文件：
public class MainActivity extends Activity {
    @Override
    protected void onCreate(Bundle savedInstanceState) {
```

```
        super.onCreate(savedInstanceState);
        setContentView(R.layout.activity_main);
    }
}
```

运行模拟器，结果如图 2.2 所示。

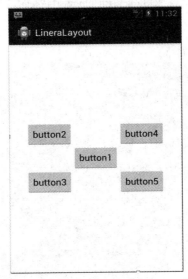

图 2.2

2.3 表 格 布 局

表格布局(TableLayout)即排成行和列的布局。一个 TableLayout 由若干 TableRow 组成，TableRow 定义了一行。TableLayout 容器不显示行、列或单元格边框线。每行有零个或多个单元格，每个单元格可容纳一个视图对象。表格布局在实际项目中用得比较少。

列的宽度是由该列中最宽的单元格决定的，通过调用 setcolumnshrinkable() 或 setcolumnstretchable()，一个 TableLayout 可以指定某些列为收缩或伸展的。如果标记为收缩，则对应的行将收缩以适应 TableLayout。如果标记为伸展，则可扩展宽度来适应任何额外的空间。表的总宽度是由其父容器定义的。但是列可以通过收缩和伸展来改变大小，以始终适用可用空间。最后，可以通过调用 setcolumncollapsed() 隐藏列。

TableLayout 的子类不能指定宽度属性，宽度总是 match_parent。而 layout_height 属性可以通过它的子控件来设置，默认值是 wrap_content。如果子控件是个 TableRow，那么它的高度总是 wrap_content。

必须将单元格添加到递增列顺序中，无论是在代码中还是在 XML 中，默认列数为零。如果不指定一个单元格的列数，它将自动递增到下一个可用的列。如果跳过了一个列号，则该单元格会被认为是一个空单元格。

表格布局的 XML 属性见表 2.1。

表 2.1　表格布局的 XML 属性

属性名	相关方法	描　述
android:collapseColumns	setColumnCollapsed(int,boolean)	设置需要隐藏的列
android:shrinkColumns	setShrinkAllColumns(boolean)	设置允许收缩的列
android:stretchColumns	setStretchAllColumns(boolean)	设置允许拉伸的列

下面给出表格布局案例。

activity_main.xml 的代码如下：

```xml
<?xml version="1.0" encoding="utf-8"?>
<LinearLayout xmlns:android="http://schemas.android.com/apk/res/android"
android:layout_width="match_parent"
android:layout_height="match_parent"
android:orientation="vertical">
<!-- 表格 1-伸展 -->
<TableLayout
android:layout_width="match_parent"
android:layout_height="wrap_content"
android:shrinkColumns="0,1,2">
<Button
android:layout_width="wrap_content"
android:layout_height="wrap_content"
android:text="一行" />
<TableRow>

<Button
android:layout_width="wrap_content"
android:layout_height="wrap_content"
android:text="按钮 1">
</Button>
<Button
android:layout_width="wrap_content"
android:layout_height="wrap_content"
android:text="按钮 2">
</Button>
<Button
android:layout_width="wrap_content"
android:layout_height="wrap_content"
android:text="按钮 2">
</Button>
```

```
</TableRow>

<TableRow>
<Button
android:layout_width="wrap_content"
android:layout_height="wrap_content"
android:text="按钮 4">
</Button>
<Button
android:layout_width="wrap_content"
android:layout_height="wrap_content"
android:layout_span="2"
android:text="两列">
</Button>
</TableRow>
</TableLayout>
<!-- 表格 2-收缩 -->
<TableLayout
android:layout_width="match_parent"
android:layout_height="wrap_content"
android:stretchColumns="0,1">
<TableRow>
<Button
android:layout_width="wrap_content"
android:layout_height="wrap_content"
android:text="按钮 A" />
<Button
android:layout_width="wrap_content"
android:layout_height="wrap_content"
android:text="按钮 B" />
<Button
android:layout_width="wrap_content"
android:layout_height="wrap_content"
android:text="按钮 C" />
</TableRow>
</TableLayout>
</LinearLayout>
```

使用 Activity 显示该布局，得到如图 2.3 所示的结果。

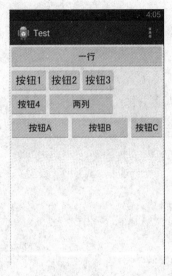

图 2.3

2.4 帧 布 局

　　帧布局是指在屏幕的一块区域中显示单独的一个元素。帧布局是最简单的布局形式。所有添加到这个布局中的视图都以层叠的方式显示。第一个添加的控件被放在最底层，最后一个添加到框架布局中的视图显示在最顶层，上一层控件会覆盖下一层控件，这种显示方式类似于堆栈。

　　当我们往帧布局中添加组件的时候，所有组件都会放置于这块区域的左上角，帧布局的大小由子控件中最大的子控件决定。如果组件大小相同，则同一时刻就只能看到最上面的那个组件。当然，我们也可以为组件添加 layout_gravity 属性，从而确定组件的对齐方式。

　　帧布局的 XML 属性如表 2.2 所示。

表 2.2　帧布局的 XML 属性

属 性 名	相 关 方 法	描 述
android:foreground	setForeground(Drawable)	设置前景图像
android:foregroundGravity	setForegroundGravity(int)	定义绘制前景图像的 gravity 属性
android:measureAllChildren	setMeasureAllChildren(boolean)	决定是否测量所有子类或只是在可见或不可见状态时测量

　　下面给出帧布局案例。

activity_main.xml 的代码如下：

```
<FrameLayout xmlns:android="http://schemas.android.com/apk/res/android"
    xmlns:tools="http://schemas.android.com/tools"
    android:id="@+id/FrameLayout1"
    android:layout_width="match_parent"
```

```
    android:layout_height="match_parent"
    tools:context=".MainActivity"
    android:foregroundGravity="right|bottom">

    <TextView
        android:layout_width="200dp"
        android:layout_height="200dp"
        android:background="#FF6143" />
      <TextView
        android:layout_width="150dp"
        android:layout_height="150dp"
        android:background="#7BFE00" />
      <TextView
        android:layout_width="100dp"
        android:layout_height="100dp"
        android:background="#FFFF00" />
    </FrameLayout>
```

使用 FrameLayout 布局，得到如图 2.4 所示的结果。

图 2.4

2.5　Android 常见显示单位

1. 像素 px(pixel)

px 是像素的意思，即屏幕中可以显示的最基本单元。Android 应用程序中任何可见的图像都是由一个个像素点组成的。目前 HVGA 代表 320 像素×480 像素。

一个组件的不同像素，在分辨率不同的手机上显示的效果是不同的，用户体验不同。低分辨率的手机，图像看起来比较大；高分辨率的手机，图像看起来比较小。

2．设备独立像素 dip

dip(device independent pixels)和设备硬件有关，不依赖像素。一般为了支持 WVGA、HVGA 和 QVGA，推荐使用这种显示方式。

这里要特别注意，dip 与屏幕密度有关，而屏幕密度又与具体的硬件有关，硬件设置不正确，有可能导致 dip 不能正常显示。在屏幕密度为 160 的显示屏上，1 dip = 1 px，如果屏幕分辨率很高，如 480×800，但是屏幕密度没有设置正确，比如还是 160，那么此时凡是使用 dip 的都会显示异常，普遍表现为显示过小。

dip 的换算：

$$dip(value) = (int) [px(value)/1.5 + 0.5]$$

3．比例像素 sp

sp(scaled pixels)主要处理字体的大小，用于显示字体，可以根据系统的字体自适应。

除了上面三个显示单位，还有如下几种不太常用的显示单位：

in (inches)：英寸。

mm (millimeters)：毫米。

pt (points)：点，1/72 英寸。

备注：根据 Google 的推荐，本书中像素统一使用 dip，字体统一使用 sp。

第 3 章 基 本 控 件

控件是用户界面的主要元素，是实现用户界面功能的主要手段。Android 的基本控件是开发 Android 程序的必要工具，包括 TextView、EditText、Button、ImageView 等。

3.1 控 件 概 述

Android 界面控件分为定制控件和系统控件。

(1) 定制控件是指用户独立开发或者通过继承并修改已存在的控件而产生的新控件。定制控件能够为用户提供特殊的功能和与众不同的显示方式。

(2) 系统控件是 Android 系统提供给用户的已经封装的界面控件。系统控件包括应用程序开发过程中常用的功能控件。系统控件可以帮助用户进行快速的开发，并能够使 Android 系统的应用程序界面保持一致。

3.2 常 用 控 件

3.2.1 TextView

TextView 是一种简单的文本控件，它具有如表 3.1 所示的属性。

表 3.1 TextView 控件的属性

属性名称	说　　明
android:layout_width	TextView 控件边框包围的内容有 wrap_content、match_parent、fill_parent
android:layout_height	TextView 控件边框包围的内容有 wrap_content、match_parent、fill_parent
android:id	TextView 的 id
android:text	文本的内容
android:textSize	文本的字号
android:gravity	文本的显示位置
android:ellipsize	内容的省略显示方式
android:textStyle	文本的字体
android:autoLink	链接类型

下面通过一个项目来演示 TextView 的用法。

创建一个 Android 项目 MyAndroid 来完成登录界面的布局。在 activity_main.xml 里添加两个 TextView 控件——用户名和密码。

activity_main.xml 的代码如下：

```
<RelativeLayout xmlns:android="http://schemas.android.com/apk/res/android"
    xmlns:tools="http://schemas.android.com/tools"
    android:layout_width="match_parent"
android:layout_height="match_parent">
<!--设置用户名布局-->
<TextView
        android:id="@+id/lblName"
        android:layout_width="wrap_content"
        android:layout_height="wrap_content"
        android:singleLine="true"
        android:textSize="20sp"
        android:layout_marginTop="8dp"
        android:text="用户名：" />
<!--设置密码布局-->
<TextView
        android:id="@+id/lblPwd"
        android:layout_width="wrap_content"
        android:layout_height="wrap_content"
        android:layout_below="@+id/lblName"
        android:textSize="20sp"
        android:layout_marginTop="8dp"
        android:text="密　　码：" />
</RelativeLayout>
```

MainActivity.java 的代码如下：

```
public class MainActivity extends Activity {
    @Override
    protected void onCreate(Bundle savedInstanceState) {
        super.onCreate(savedInstanceState);
        setContentView(R.layout.activity_main);
    }
}
```

启动模拟器，运行结果如图 3.1 所示。

图 3.1

3.2.2　EditText

EditText 是一种简单的编辑框，是用来输入和编辑字符串的控件，是一种具有编辑功能的 TextView。EditText 是接收用户输入信息的最重要的控件。

EditText 控件的属性如表 3.2 所示。

表 3.2　EditText 控件的属性

属　　性	说　　明
android:lines	通过设置固定的行数来决定 EditText 控件的高度
android:maxLines	设置最大行数
android:minLines	设置最小行数
android:password	设置文本框中的内容是否显示密码
android:phoneNumber	设置文本框中的内容只能是电话号码
android:numeric	如果设置，则输入的内容只能是数字
android:maxLength	设置最大的显示长度
android:singleLine	是否在一行内显示全部内容
android:inputType	设置文本框中的内容是密码类型
android:background	设置背景
android:hint	文本为空时显示提示信息

下面通过一个项目来介绍 EditText 的用法。

在 3.2.1 节中已经做出用户名和密码的文本，下面我们为用户名和密码分别添加编辑框。分别在两个 TextView 下添加 EditText，代码如下：

```
<EditText
    android:id="@+id/txtName"
```

```
        android:layout_width="match_parent"
        android:layout_height="wrap_content"
        android:layout_toRightOf="@+id/lblName"
        android:layout_alignBottom="@+id/lblName"
        android:textSize="20sp"
        android:hint="请输入用户名"
        />

    <EditText
        android:id="@+id/txtPwd"
        android:layout_width="match_parent"
        android:layout_height="wrap_content"
        android:layout_toRightOf="@+id/lblPwd"
        android:layout_alignBottom="@+id/lblPwd"
        android:layout_alignRight="@+id/txtName"
        android:inputType="textPassword"
        android:textSize="20sp"
        android:numeric="integer"
        android:hint="请输入密码"
        />
```

启动模拟器，运行项目后，输入用户名和密码，效果如图 3.2 所示。

图 3.2

3.2.3　Button

Button 控件是一种简单的按钮，是 TextView 控件的子类，它具有 TextView 控件的所有属性。用户可以通过点击按钮来触发一系列事件，然后为 Button 控件注册监听，以实现

Button 控件的监听事件。

为 Button 控件注册监听常用的方法有以下两种：

(1) 在布局文件中为 Button 控件设置 OnClick 属性，然后在代码中添加一个对应的监听方法。

(2) 在代码中绑定匿名监听器并重写 onClick()方法。

下面添加两个按钮"登录"和"取消"，并为两个按钮注册监听。

添加按钮的代码如下：

```
<Button
    android:onClick="onClick"
    android:id="@+id/btnLogin"
    android:layout_width="wrap_content"
    android:layout_height="wrap_content"
    android:layout_alignLeft="@+id/lblPwd"
    android:layout_below="@+id/lblPwd"
    android:layout_marginLeft="48dp"
    android:layout_marginTop="38dp"
    android:textColor="#fff"
    android:background="@drawable/test"
    android:onClick="clickBtn"
    android:text="登录" />

<Button
    android:onClick="onClick"
    android:id="@+id/btnCancel"
    android:layout_width="wrap_content"
    android:layout_height="wrap_content"
    android:layout_alignBaseline="@+id/btnLogin"
    android:layout_alignBottom="@+id/btnLogin"
    android:layout_marginLeft="41dp"
    android:layout_toRightOf="@+id/btnLogin"
    android:textColor="#fff"
    android:background="@drawable/test"
    android:onClick="clickBtn"
    android:text="取消" />
```

在 MainActivity.java 中设置按钮的监听时间，代码如下：

```
public class MainActivity extends Activity {
    //定义按钮组件
    private Button button1;
    private Button button2;
```

```
@Override
protected void onCreate(Bundle savedInstanceState) {
super.onCreate(savedInstanceState);
    setContentView(R.layout.activity_main);
    //得到 Button 的实例
    Button button1=(Button) this.findViewById(R.id.btnLogin);
    Button button2=(Button) this.findViewById(R.id.btnCancel);
}

public void onClick(View view){
    //用 switch 语句
    switch (view.getId()) {
    case R.id.btnLogin://注册按钮
        //提示信息
        Toast.makeText(getApplicationContext(), "登录成功",1).show();
        break;
    case R.id.btnCancel://取消按钮
        //提示信息
        Toast.makeText(getApplicationContext(), "取消",1).show();
        break;
    default:
        break;
    }
  }
}
```

启动模拟器，运行结果如图 3.3 所示。

图 3.3

3.2.4 ImageView

ImageView 类可以加载各种来源的图片(如资源库或图片库),加载时需要计算图像的尺寸,以便图像在其他布局中使用。ImageView 控件提供缩放和着色(渲染)等显示选项。

ImageView 的属性如表 3.3 表示。

表 3.3 ImageView 控件的属性

属 性	说 明
android:scaleType	控制图片如何 resized/moved 匹配 ImageView 的 size
android:src	设置 View 的图片资源位置
android:tint	将图片渲染成指定的颜色

3.2.1 节在 activity_main.xml 中添加图片布局,代码如下:

```
<ImageView
    android:layout_width="wrap_content"
    android:layout_height="wrap_content"
    android:id="@+id/imageviw"//图片的 id
    android:src="@drawable/ic_launcher"//设置图片
    android:layout_centerInParent="true"/>
```

启动模拟器,运行结果如图 3.4 所示。

图 3.4

3.2.5 ProgressBar

ProgressBar 在显示界面上生成一个进度条,表示程序正在加载数据。

ProgressBar 的 visibility 属性有三个默认值,分别为 visible、invisible 和 gone。visible 表示控件是可见的,invisible 表示控件是不可见的,gone 表示控件是不可见而且不占用任何屏幕空间。

在 activity_main 中添加 ProgressBar 的布局，代码如下：

```
<ProgressBar
    android:layout_width="wrap_content"
    android:layout_height="wrap_content"
    android:id="@+id/progressbar"
    android:layout_centerInParent="true"
    android:visibility="visible"
    />
```

启动模拟器，运行结果如图 3.5 所示。

图 3.5

将 android:visibility="visible"改为 android:visibility="invisible"时，进度条将被隐藏，运行结果如图 3.6 所示。

图 3.6

3.2.6　AlertDialog

AlertDialog 控件可以在当前的显示界面弹出一个对话框，这个对话框将置顶于所有界面，且屏蔽其他控件的交互能力。AlertDialog 用于提示一些重要的内容或者警告。AlertDialog 控件的属性如表 3.4 所示。

表 3.4　AlertDialog 控件的属性

属　　性	说　　明
setTitle()	设置对话框的标题
setMessage()	设置对话框的内容
setPositiveButton()	设置对话框的确定点击事件
setNegativeButton ()	设置对话框的取消点击事件
show()	设置对话框的取消点击事件

在代码中添加了对话框事件后，当点击"登录"按钮时会弹出一个对话框，在按钮点击的代码里添加对话框，代码如下：

```
public class MainActivity extends Activity {
    //定义按钮组件
    private Button button1;
    private Button button2;
    @Override
    protected void onCreate(Bundle savedInstanceState) {
        super.onCreate(savedInstanceState);
        setContentView(R.layout.activity_main);

        //得到 Button 的实例
        Button button1=(Button) this.findViewById(R.id.btnLogin);
        Button button2=(Button) this.findViewById(R.id.btnCancel);
    }

    public void onClick(View view){
        //用 switch 语句
        switch (view.getId()) {
        case R.id.btnLogin://注册按钮
            //提示信息
            Toast.makeText(getApplicationContext(), "登录成功",1).show();
            showDialog();
            break;
        case R.id.btnCancel://取消按钮
            //提示信息
```

```
        Toast.makeText(getApplicationContext(), "取消",1).show();
        break;
    default:
        break;
    }
}
private void showDialog() {
    // TODO Auto-generated method stub
    AlertDialog.Builder dialog=new Builder(this);
    dialog.setTitle("提示信息");
    dialog.setMessage("你确定要登录吗");
    dialog.setPositiveButton("确定",new DialogInterface.OnClickListener() {
    @Override
    public void onClick(DialogInterface dialog, int which) {
        // TODO Auto-generated method stub
    }
});
    dialog.setNegativeButton("取消",new DialogInterface.OnClickListener() {
    @Override
    public void onClick(DialogInterface dialog, int which) {
        // TODO Auto-generated method stub
    }
});
    dialog.show();//显示
    }
}
```

启动模拟器，运行结果如图 3.7 所示。

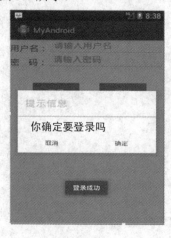

图 3.7

3.2.7　ProgressDialog

ProgressDialog 控件和 AlertDialog 控件类似，都可以在界面上弹出一个对话框，都能够屏蔽掉其他控件的交互能力。不同的是 ProgressDialog 在对话框中生成一个进度条。

将上一节对话框的代码改为如下代码：

```java
private void showDialog() {
    // TODO Auto-generated method stub
    ProgressDialog pd=new ProgressDialog(this);
    pd.setTitle("this is ProgressDialog");
    pd.setMessage("Loading.....");
    pd.setCancelable(true);
    pd.show();//显示
}
```

上述代码先构建出一个 ProgressDialog 对象，然后设置其标题、内容、是否取消等属性，最后通过 show()将其显示出来，运行结果如图 3.8 所示。

图 3.8

3.2.8　Spinner

Spinner 控件提供了从一个数据集合中快速选择一个项值的办法。默认情况下 Spinner 选择的是当前值，点击 Spinner 会弹出一个可选值的 dropdown 菜单，从该菜单中为 Spinner 选择一个新值。

在布局文件中添加 Spinner 控件的代码如下：

```
<LinearLayout
    android:layout_width="fill_parent"
    android:layout_height="fill_parent"
    android:orientation="vertical">
    <Spinner
        android:id="@+id/spinner1"
        android:layout_width="wrap_content"
        android:layout_height="wrap_content"
        android:entries="@array/languages"
        />
</LinearLayout>
```

其中，android:entries="@array/languages"表示 Spinner 的数据集合是从资源数组 languages 中获取的，languages 数组资源定义在 values/arrays.xml 中，代码如下：

```
<?xml version="1.0" encoding="utf-8"?>
<resources>
    <string-array name="languages">
        <item>c语言</item>
        <item>java </item>
        <item>php</item>
        <item>xml</item>
        <item>html</item>
    </string-array>
</resources>
```

运行结果如图 3.9 所示。

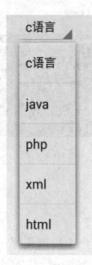

图 3.9

当然，一般情况下我们是需要响应 Spinner 选择事件的,可以通过 OnItemSelected-Listener 的回调方法来实现，代码如下：

```
public class MainActivity extends Activity {
    @Override
    protected void onCreate(Bundle savedInstanceState) {
        super.onCreate(savedInstanceState);
        setContentView(R.layout.activity_main);
        Spinner spinner = (Spinner) findViewById(R.id.spinner1);
        spinner.setOnItemSelectedListener(new OnItemSelectedListener() {
            @Override
            public void onItemSelected(AdapterView<?> parent, View view,
                    int pos, long id) {
                String[] languages = getResources().getStringArray(R.array.languages);
                Toast.makeText(MainActivity.this, "你点击的是:"+languages[pos], 1).show();
            }
        });
    }
}
```

上面使用 Spinner 数据是源于 xml 数组，实际应用中用得最多的是通过 adapter 与 Spinner 绑定数据，使用 ArrayAdapter 的代码如下：

```
// 初始化控件
Spinner spinner = (Spinner) findViewById(R.id.spinner1);
// 建立数据源
String[] mItems = getResources().getStringArray(R.array.languages);
// 建立Adapter并且绑定数据源
ArrayAdapter<String> adapter=new
ArrayAdapter<String>(this,android.R.layout.simple_spinner_item, mItems);
adapter.setDropDownViewResource(android.R.layout.simple_spinner_dropdown_item);
//绑定 Adapter到控件
spinner .setAdapter(adapter);
```

3.2.9 ListView

ListView 是最常见的控件之一。对于大多数按规则排列的界面，都可以用 ListView 进行编写。ListView 必须使用 Adapter 适配器，因为只有通过 Adapter 才可以把列表中的数据映射到 ListView 中。

1．带标题的 ListView 列表

使用 simpleAdapter 时需要注意的是需要用 Map<String, Object> item 来保存列表中每一项显示的 title 与 text，将 map 中的数据写入 new SimpleAdapter 的时候，程序就会生成列表。运行结果如图 3.10 所示。

图 3.10

代码如下：

```
public class TitleList extends ListActivity {
    private String[] mListTitle = { "姓名", "性别", "年龄", "居住地","邮箱"};
    private String[] mListStr = { "雨松MOMO", "男", "25", "北京",
            "xuanyusong@gmail.com" };
    ListView mListView = null;
    ArrayList<Map<String,Object>> mData= new ArrayList<Map<String,Object>>();;

    @Override
    protected void onCreate(Bundle savedInstanceState) {
    mListView = getListView();

    int lengh = mListTitle.length;
    for(int i =0; i < lengh; i++) {
        Map<String,Object> item = new HashMap<String,Object>();
        item.put("title", mListTitle[i]);
        item.put("text", mListStr[i]);
        mData.add(item);
    }
    SimpleAdapter adapter = new SimpleAdapter(this,mData,android.R.layout.simple_list_item_2,
        new String[]{"title","text"},new int[]{android.R.id.text1,android.R.id.text2});
        setListAdapter(adapter);
    mListView.setOnItemClickListener(new OnItemClickListener() {
        @Override
        public void onItemClick(AdapterView<?> adapterView, View view, int position, long id) {
        Toast.makeText(TitleList.this,"您选择了标题: " + mListTitle[position] + "内容:
```

```
"+mListStr[position], Toast.LENGTH_LONG).show();
        }
    });
    super.onCreate(savedInstanceState);
    }
}
```

2．带图片的 ListView 列表

如果 ListView 列表中带有图片，也可使用 simpleAdapter 来操作，但是构造 simpleAdapter 的时候需要使用我们自己编写的布局来完成，因为系统的布局已经不能满足需求了。同样使用 Map<String,Object> item 可保存列表中每一项需要显示的内容，如图片、标题、内容等。运行结果如图 3.11 所示。

图 3.11

设置一个自定义的布局文件，文件名命名为 iconlist，代码如下：

```
<?xml version="1.0" encoding="utf-8"?>
<RelativeLayout xmlns:android="http://schemas.android.com/apk/res/android"
    android:layout_width="fill_parent" android:layout_height="?android:attr/
        listPreferredItemHeight">
    <ImageView android:id="@+id/image"
        android:layout_width="wrap_content" android:layout_height="fill_parent"
        android:layout_alignParentTop="true" android:layout_alignParentBottom="true"
        android:adjustViewBounds="true"
        android:padding="2dip" />
    <TextView android:id="@+id/title"
        android:layout_width="wrap_content" android:layout_height="wrap_content"
        android:layout_toRightOf="@+id/image"
        android:layout_alignParentRight="true" android:layout_alignParentTop="true"
        android:layout_above="@+id/text"
```

```
        android:layout_alignWithParentIfMissing="true" android:gravity="center_vertical"
        android:textSize="15dip" />
    <TextView android:id="@+id/text"
        android:layout_width="fill_parent" android:layout_height="wrap_content"
        android:layout_toRightOf="@+id/image"
        android:layout_alignParentBottom="true"
        android:layout_alignParentRight="true" android:singleLine="true"
        android:ellipsize="marquee"
        android:textSize="20dip" />
</RelativeLayout>
```

代码如下：

```
public class IconList extends ListActivity {
    private String[] mListTitle = { "姓名", "性别", "年龄", "居住地","邮箱"};
    private String[] mListStr = { "雨松MOMO", "男", "25", "北京","xuanyusong@gmail.com" };
    ListView mListView = null;
    ArrayList<Map<String,Object>> mData= new ArrayList<Map<String,Object>>();

    @Override
    protected void onCreate(Bundle savedInstanceState) {
    mListView = getListView();

    int lengh = mListTitle.length;
    for(int i =0; i < lengh; i++) {
        Map<String,Object> item = new HashMap<String,Object>();
        item.put("image", R.drawable.jay);
        item.put("title", mListTitle[i]);
        item.put("text", mListStr[i]);
        mData.add(item);
    }
    SimpleAdapter adapter = new SimpleAdapter(this,mData,R.layout.iconlist,
        new String[]{"image","title","text"},new int[]{R.id.image,R.id.title,R.id.text});
            setListAdapter(adapter);
    }
}
```

第4章　SQLite 数据库

Android 操作系统中集成了一个嵌入式关系型数据库 SQLite，在进行 Android 系统开发时，如果需要存储数据，SQLite 数据库是一个很好的选择。

SQLite 是一款开源的、轻量级的、嵌入式的关系型数据库。SQLite 在 2000 年由 D. Richard Hipp 发布，支持 Java、Net、PHP、Ruby、Python、Perl、C 等现代编程语言，支持 Windows、Linux、Unix、Mac OS、Android、IOS 等主流操作系统平台。

SQLite 数据库早已广泛地应用在各种产品中。在 Android 系统开发中，Android 系统中已内置 SQLite 数据库，并提供完整的支持。

4.1　SQLiteDatabase 简介

Android 系统可以使用 SQLiteDatabase 来代表一个数据库，可以通过 SQLiteDatabase 来创建、删除、执行 SQL 命令，并执行其他常见的数据库管理命令。当然，SQLiteDatabase 中的一些数据库操作需要通过 Java 语言来执行相关的 SQL 语句命令。由于 SQLiteDatabase 封装了这些操作命令，因此使用它来操作数据库更加简单明了。

SQLiteDatabase 提供了 openOrCreateDatabase 等静态方法来打开或者创建数据库。SQLiteDatabase 会自动检测相应的数据库是否存在，如果不存在，则自动创建相应的数据库。

SQLiteDatabase 常用的操作方法如下：

public void execSQL(String sql)：可以执行 insert、delete、update 和 create table 之类有更改行为的 SQL 语句。

public long insert(String table, String nullColumnHack, ContentValues values)：将行插入数据库的简便方法。

public int update(String table, ContentValues values, String whereClause, String[] whereArgs)：数据库中更新行的简便方法。

public int delete(String table, String whereClause, String[] whereArgs)：数据库中删除行的简便方法。

public Cursor query(boolean distinct, String table, String[] columns,String selection, String[] selectionArgs, String groupBy,String having, String orderBy, String limit：对指定的表执行查询操作。

Cursor(光标)对象的一些常用的操作方法如下：

boolean move(int offset)：从当前位置向前或向后移动光标。正数为向前移，负数为向后移。成功返回 true，失败返回 false。

boolean moveToLast()：将光标移动到最后一行。成功返回 true，失败返回 false。

boolean moveToNext()：将光标移动到下一行。成功返回 true，失败返回 false。

boolean moveToPosition(int position)：将光标移动到指定的位置。成功返回 true，失败返回 false。

boolean moveToPrevious：将光标移动到上一行。成功返回 true，失败返回 false。

4.2　SQLiteOpenHelper 简介

SQLiteOpenHelper 是一个辅助类，可用来创建和管理数据库。它通过创建一个子类，实现 onCreate(SQLiteDatabase)、onUpgrade(SQLiteDatabase, int, int)方法。这个子类负责打开数据库(如果数据库存在)，创建数据库(如果数据库不存在)，更新数据库等。SQLiteOpenHelper 同时也有助于 ContentProvider 第一次打开和升级数据库。

SQLiteOpenHelper 常用的操作方法如下：

public SQLiteDatabase getReadableDatabase()：以只读的方式打开数据库。

public SQLiteDatabase getWritableDatabase()：以写入的方式打开数据库。

public abstract void onCreate(SQLiteDatabase db)：当数据库为第一次创建时调用。这是创建表和初始化表的地方。

public void onUpgrade(SQLiteDatabase db, int oldVersion, int newVersion)：当数据库需要更新时调用。数据库进行编辑时需要使用该方法，此方法需要在事务中执行。如果出现异常，所有的更改将自动回滚。

4.3　SQLite 数据库的应用

案例 1　使用 SQLiteOpenHelper 来完成一个简单的注册功能。

该案例的运行结果如图 4.1 所示。

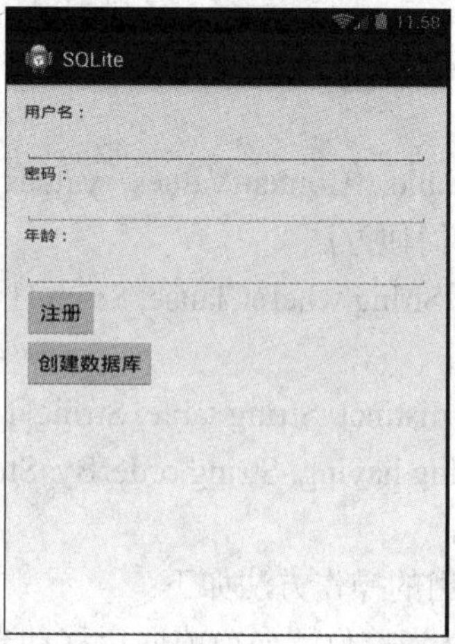

图 4.1

该案例的布局文件有以下几种：

(1) activity_main.xml 的代码如下：

```xml
<LinearLayout xmlns:android="http://schemas.android.com/apk/res/android"
    xmlns:tools="http://schemas.android.com/tools"
    android:layout_width="match_parent"
    android:layout_height="match_parent"
    android:paddingBottom="@dimen/activity_vertical_margin"
    android:paddingLeft="@dimen/activity_horizontal_margin"
    android:paddingRight="@dimen/activity_horizontal_margin"
    android:paddingTop="@dimen/activity_vertical_margin"
    android:orientation="vertical"
    >

    <TextView
        android:layout_width="wrap_content"
        android:layout_height="wrap_content"
        android:text="用户名：" />
    <EditText
        android:id="@+id/nameTxt"
        android:layout_width="match_parent"
        android:layout_height="wrap_content"
        />

    <TextView
        android:layout_width="wrap_content"
        android:layout_height="wrap_content"
        android:text="密码：" />
    <EditText
        android:id="@+id/pwdTxt"
        android:password="true"
        android:layout_width="match_parent"
        android:layout_height="wrap_content"
        />

    <TextView
        android:layout_width="wrap_content"
        android:layout_height="wrap_content"
        android:text="年龄：" />
    <EditText
```

```xml
            android:id="@+id/ageTxt"
            android:layout_width="match_parent"
            android:layout_height="wrap_content"
            />

      <Button
            android:id="@+id/btn1"
            android:layout_width="wrap_content"
            android:layout_height="wrap_content"
            android:onClick="clickBtn"
            android:text="注册"
            />
      <Button
            android:id="@+id/btn2"
            android:layout_width="wrap_content"
            android:layout_height="wrap_content"
            android:text="创建数据库"
            />
</LinearLayout>
```

(2) MyDatabaseHelper.java 的代码如下：

```java
public class MyDatabaseHelper extends SQLiteOpenHelper {

      //创建表的 SQL 语句
      final String   CREATE_TABLE_SQL = "create table userinfo(_id integer primary key
            autoincrement ,name,pwd,age)";

      public MyDatabaseHelper(Context context, String name,
            CursorFactory factory, int version) {
         super(context, name, factory, version);
         // TODO Auto-generated constructor stub
      }

      @Override
      public void onCreate(SQLiteDatabase db) {
         // 第一次使用数据库时自动创建表
         db.execSQL(CREATE_TABLE_SQL);
      }

      @Override
```

```java
    public void onUpgrade(SQLiteDatabase db, int oldVersion, int newVersion) {
        // TODO Auto-generated method stub

    }
}//End
```

(3) MainActivity.java 的代码如下：

```java
public class MainActivity extends Activity {

    //定义组件
    EditText nameTxt = null;
    EditText ageTxt = null;
    EditText pwdTxt = null;

    MyDatabaseHelper db;

    @Override
    protected void onCreate(Bundle savedInstanceState) {
        super.onCreate(savedInstanceState);
        setContentView(R.layout.activity_main);
        //db = SQLiteDatabase.openOrCreateDatabase(this.getFilesDir().toString()+"/user.db", null);
        db = new MyDatabaseHelper(this, "user.db3", null, 1);
        //初始化组件
        initComponents();

    }//onCreate

    /*
     * 初始化组件
     */
    public void initComponents()
    {
        nameTxt = (EditText) findViewById(R.id.nameTxt);
        pwdTxt = (EditText) findViewById(R.id.pwdTxt);
        ageTxt = (EditText) findViewById(R.id.ageTxt);

    }//initComponents

    /*
     * 按钮的点击事件
```

```
        */
        public void clickBtn(View view)
        {
            int id = view.getId();
            if(id == R.id.btn1)
            {
                String name = nameTxt.getText().toString();
                String pwd = pwdTxt.getText().toString();
                String age = ageTxt.getText().toString();
                //保存数据
                saveInfo(db.getReadableDatabase(),name,pwd,age);
            }

        }//clickBtn

        /*
         * 保存表单
         */
        public void saveInfo(SQLiteDatabase db,String name,String pwd,String age)
        {
            //创建 SQL 语句
            String insert = "insert into userinfo values (null,?,?,?)";
            //执行 SQL 语句，其中 insertSQL 语句中的三个？问号可由第二个参数的 object 数组
             填充代替
            db.execSQL(insert, new String[]{name,pwd,age});

            Log.i("test", "插入数据");
            //关闭连接
            db.close();
        }//saveInfo

    }//End
```

运行程序时先点击"创建数据库"按钮，然后填写表单，再点击"注册"按钮。可以在 DDMS 下看到"data→data→项目包名"这个目录下生成一个 databases 目录，结果如图 4.2 所示。

图 4.2

我们可以通过控制台进入数据库并进行查询，如图 4.3 所示。

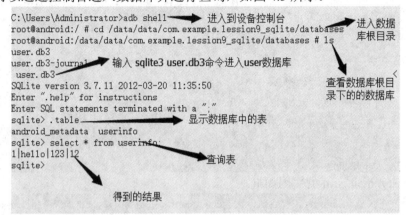

图 4.3

案例 2　简单的图书信息管理系统。

该案例的运行结果如图 4.4 所示。

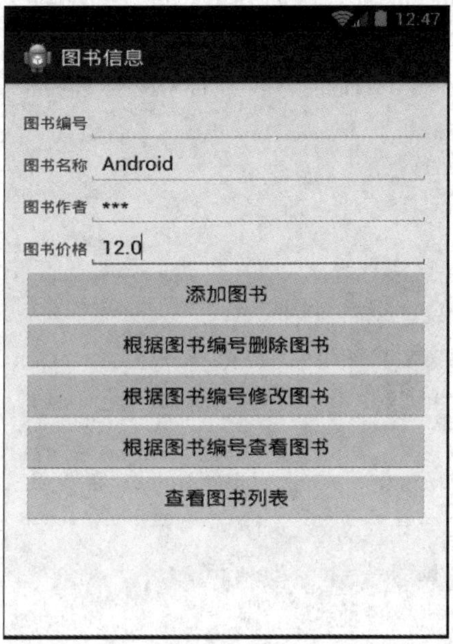

图 4.4

该案例的布局文件有以下几种：

(1) activity_book_list.xml 的代码如下：

```xml
<RelativeLayout xmlns:android="http://schemas.android.com/apk/res/android"
    xmlns:tools="http://schemas.android.com/tools"
    android:layout_width="match_parent"
    android:layout_height="match_parent"
    android:paddingBottom="@dimen/activity_vertical_margin"
    android:paddingLeft="@dimen/activity_horizontal_margin"
```

```
            android:paddingRight="@dimen/activity_horizontal_margin"
            android:paddingTop="@dimen/activity_vertical_margin">

            <ListView
                android:id="@+id/listview1"
                android:layout_width="match_parent"
                android:layout_height="wrap_content"
            />
    </RelativeLayout>
```

(2) activity_main.xml 的代码如下：

```
    <LinearLayout xmlns:android="http://schemas.android.com/apk/res/android"
        xmlns:tools="http://schemas.android.com/tools"
        android:layout_width="match_parent"
        android:layout_height="match_parent"
        android:paddingBottom="@dimen/activity_vertical_margin"
        android:paddingLeft="@dimen/activity_horizontal_margin"
        android:paddingRight="@dimen/activity_horizontal_margin"
        android:paddingTop="@dimen/activity_vertical_margin"
        android:orientation="vertical"
        >
        <LinearLayout
            android:orientation="horizontal"
            android:layout_width="match_parent"
            android:layout_height="wrap_content"
            >
        <TextView
            android:layout_width="wrap_content"
            android:layout_height="wrap_content"
            android:text="图书编号" />
        <EditText
            android:id="@+id/bookidTxt"
            android:layout_width="match_parent"
            android:layout_height="wrap_content"
            />
        </LinearLayout>

        <LinearLayout
            android:orientation="horizontal"
            android:layout_width="match_parent"
```

```xml
        android:layout_height="wrap_content"
        >
    <TextView
        android:layout_width="wrap_content"
        android:layout_height="wrap_content"
        android:text="图书名称" />
        <EditText
        android:id="@+id/nameTxt"
        android:layout_width="match_parent"
        android:layout_height="wrap_content"
        />
    </LinearLayout>

    <LinearLayout
        android:orientation="horizontal"
        android:layout_width="match_parent"
        android:layout_height="wrap_content"
        >
    <TextView
        android:layout_width="wrap_content"
        android:layout_height="wrap_content"
        android:text="图书作者" />
    <EditText
        android:id="@+id/authorTxt"
        android:layout_width="match_parent"
        android:layout_height="wrap_content"
        />
    </LinearLayout>

    <LinearLayout
        android:orientation="horizontal"
        android:layout_width="match_parent"
        android:layout_height="wrap_content"
>
    <TextView
        android:layout_width="wrap_content"
        android:layout_height="wrap_content"
        android:text="图书价格" />
    <EditText
```

```xml
        android:id="@+id/priceTxt"
        android:layout_width="match_parent"
        android:layout_height="wrap_content"
        />
    </LinearLayout>

    <Button
        android:id="@+id/Btn_insert"
        android:layout_width="match_parent"
        android:layout_height="wrap_content"
        android:onClick="clickBtn"
        android:text="添加图书"
        />

    <Button
        android:id="@+id/Btn_delete"
        android:layout_width="match_parent"
        android:layout_height="wrap_content"
        android:onClick="clickBtn"
        android:text="根据图书编号删除图书"
        />

    <Button
        android:id="@+id/Btn_update"
        android:layout_width="match_parent"
        android:layout_height="wrap_content"
        android:onClick="clickBtn"
        android:text="根据图书编号修改图书"
        />
    <Button
        android:id="@+id/Btn_find"
        android:layout_width="match_parent"
        android:layout_height="wrap_content"
        android:onClick="clickBtn"
        android:text="根据图书编号查看图书"
        />
    <Button
        android:id="@+id/Btn_showlist"
        android:layout_width="match_parent"
```

```
        android:layout_height="wrap_content"
        android:onClick="clickBtn"
        android:text="查看图书列表"
    />
</LinearLayout>
```

(3) Book.java 的代码如下：

```java
public class Book implements Parcelable{

    public int _id;
    public String name;
    public String author;
    public float price;

    //Constructor
    public Book(Parcel source)
    {
        //反序列化(反序列化的顺序要和序列化的顺序一致)
        _id = source.readInt();
        name = source.readString();
        author = source.readString();
        price = source.readFloat();
    }//Constructor

    public Book(){}

    @Override
    public int describeContents() {
        return ();
    }

    /*
    *对 Book 对象做序列化保存的方法,在传送数据时 Android 会自动调用这个方法把对象
     序列化
     */
    @Override
    public void writeToParcel(Parcel dest, int flags) {
        // 可以将 Book 对象的属性一个一个地序列化
        dest.writeInt(_id);
        dest.writeString(name);
```

```java
        dest.writeString(author);
        dest.writeFloat(price);
    }

    //数据的接受方在收到数据之后可以使用 Creator 把数据反序列化成 Book
    public static final Parcelable.Creator CREATOR =
        new Creator<Book>(){

            @Override
            public Book createFromParcel(Parcel source) {
                // TODO Auto-generated method stub
                return new Book(source);
            }

            @Override
            public Book[] newArray(int size) {

                return new Book[size];
            }
        };

    @Override
    public String toString() {
        return "【编号=" + _id + ", 书名=" + name + ", 作者=" + author + ",价格=" + price + "】";
    }

}//End
```

(4) MyDatabaseHelper.java 的代码如下:

```java
public class MyDatabaseHelper extends SQLiteOpenHelper{
    //创建表的 SQL 语句
    public final String SQL_CREATE_TABLE = "create table "+BookDao.TABLE_BOOK+" ("+
                            BookDao.COL_BOOK_ID+" integer primary key autoincrement,"
                            +BookDao.COL_NAME+","+BookDao.COL_AUTHOR+
                            ","+BookDao.COL_PRICE+")";
    //删除表 SQL 语句
    public final String SQL_DROP_TABLE = "drop table "+BookDao.TABLE_BOOK;

    public MyDatabaseHelper(Context context, String name,
        CursorFactory factory, int version) {
```

```java
        super(context, name, factory, version);
        // TODO Auto-generated constructor stub
    }//Constructor


    /*
    *此方法是在应用程序第一次运行时自动调用，所以我们可以在这个方法中创建数据库的表
    *如果以后再允许程序，此方法将不再执行，所以可以保证数据库只创建一次
    */
    @Override
    public void onCreate(SQLiteDatabase db)
    {
        // 创建表
        db.execSQL(SQL_CREATE_TABLE);


    }//onCreate


    /*
     *当发现当前执行的程序和原有程序版本不一致时，自动调用
     *所以在此方法中我们可以将老数据更新为新数据
     */
    @Override
    public void onUpgrade(SQLiteDatabase db, int oldVersion, int newVersion)
    {
        // 删除原来的表
        db.execSQL(SQL_DROP_TABLE);


        onCreate(db);


    }//onUpgrade


}//End
```

(5) BookDao.java 的代码如下：

```java
/**
*这个类专门访问与图书相关的数据库的类
*/
public class BookDao {
    //数据库名
    public static final String DB_NAME = "book.db";
    //保存图书信息的表名
```

```java
public static final String TABLE_BOOK = "bookinfo";
//id 的列名
public static final String     COL_BOOK_ID = "_id";
//图书名称的列名
public static final String COL_NAME = "name";
//图书作者的列名
public static final String COL_AUTHOR = "author";
//图书价格的列名
public static final String COL_PRICE =     "price";


MyDatabaseHelper dbHelper = null;

//Constructor
public BookDao(Context context)
{
    //创建数据库
    dbHelper = new MyDatabaseHelper(context, DB_NAME, null, 1);

}//Constructor

/*
* 关闭数据库
*/
public void closeDB()
{
    if(dbHelper!=null)
    {
        dbHelper.close();
        dbHelper = null;
    }
}//closeDB

/*
* 添加图书
*/
public void insertBook(String name,String author,float price)
{
    //获得 SQLiteDatabase 对象
    SQLiteDatabase db = dbHelper.getWritableDatabase();
```

```
        ContentValues values = new ContentValues();
        //编辑数据
        values.put(COL_NAME,name);
        values.put(COL_AUTHOR,author);
        values.put(COL_PRICE,price);
        //插入数据
        db.insert(TABLE_BOOK, COL_AUTHOR, values);


    }//insertBook


    /*
    * 根据图书编号查询图书信息
    */
    public Book findBookById(int id)
    {
        Book book = new Book();
        SQLiteDatabase db = dbHelper.getWritableDatabase();
        Cursor c = db.query(TABLE_BOOK, null, COL_BOOK_ID+"="+id, null, null,null, null);
        if(c.moveToNext())
        {
            book._id = c.getInt(c.getColumnIndex(COL_BOOK_ID));
            book.name = c.getString(c.getColumnIndex(COL_NAME));
            book.author = c.getString(c.getColumnIndex(COL_AUTHOR));
            book.price = c.getFloat(c.getColumnIndex(COL_PRICE));
        }
        return book;


    }//findBookById


    /*
    *根据图书 id 修改信息
    */
    public void updateBook(int _id,String name,String author,float price)
    {
        //获得 SQLiteDatabase 对象
        SQLiteDatabase db = dbHelper.getWritableDatabase();


        ContentValues values = new ContentValues();
```

```
//编辑数据
values.put(COL_NAME,name);
values.put(COL_AUTHOR,author);
values.put(COL_PRICE,price);
//插入数据
String where = COL_BOOK_ID + " = ?";
String[] whereValue = { Integer.toString(_id) };
db.update(TABLE_BOOK, values,where, whereValue);


}//updateBook



/*
* 根据图书编号删除图书信息
*/
public void deleteBookById(int bookid)
{
    SQLiteDatabase db = dbHelper.getWritableDatabase();
    db.delete(TABLE_BOOK, COL_BOOK_ID+"="+bookid, null);
}//deleteBookById

/*
*获得图书列表
*/
public List<Book> getBookList()
{
    List<Book> bookList = new ArrayList<Book>();
    SQLiteDatabase db = dbHelper.getWritableDatabase();
    Cursor c =    db.query(TABLE_BOOK, null, null, null, null, null, null);
    while(c.moveToNext())
    {
        Book book = new Book();
        book._id = c.getInt(c.getColumnIndex(COL_BOOK_ID));
        book.name = c.getString(c.getColumnIndex(COL_NAME));
        book.author = c.getString(c.getColumnIndex(COL_AUTHOR));
        book.price = c.getFloat(c.getColumnIndex(COL_PRICE));
        bookList.add(book);
    }
    return bookList;
```

```
    }//getBookList


}//End
```

(6) BookListActivity.java 的代码如下：

```java
public class BookListActivity extends Activity {

    @Override
    protected void onCreate(Bundle savedInstanceState) {
        super.onCreate(savedInstanceState);
        setContentView(R.layout.activity_book_list);
        //获得 MainActivity 传递过来的数据
        Intent intent = this.getIntent();
        ArrayList<Book> bookList = intent.getParcelableArrayListExtra("book");
        //将 bookList 转化为 List 类型
        List<String> strList = new ArrayList<String>();

        for(Book b:bookList)
        {
            strList.add(b.toString());
            Log.i("test", "添加一个成功");
        }

        //填充列表
        ListView listview = (ListView) findViewById(R.id.listview1);

        ArrayAdapter<String>adapter=new ArrayAdapter<String>
                (this, android.R.layout.simple_list_item_1, strList);
        listview.setAdapter(adapter);

    }//onCreate


}//End
```

(7) MainActivity.java 的代码如下：

```java
public class MainActivity extends Activity {

    //定义一些组件
    public EditText bookidTxt = null;
    public EditText nameTxt = null;
    public EditText authorTxt = null;
```

```
public EditText priceTxt = null;

//定义一个操作数据库的类
BookDao db = null;
@Override
protected void onCreate(Bundle savedInstanceState)
{
    super.onCreate(savedInstanceState);
    setContentView(R.layout.activity_main);
    //初始化控件
    initConponents();
    //创建 db
    db = new BookDao(this);

}//onCreate

@Override
protected void onPause()
{
    if(db!=null)//判断 db 是否为空，不为空则关闭数据库
    {
        db.closeDB();
    }
    super.onPause();
}//onPause

/*
* 初始化组件
*/
public void initConponents()
{
    bookidTxt = (EditText)findViewById(R.id.bookidTxt);
    nameTxt = (EditText)findViewById(R.id.nameTxt);
    authorTxt = (EditText)findViewById(R.id.authorTxt);
    priceTxt = (EditText)findViewById(R.id.priceTxt);
}//initConponents

/*
* 按钮点击事件响应函数
```

```
        */
    public void clickBtn(View view)
    {
        int id = view.getId();
        if(id==R.id.Btn_insert)
        {
            //获得数据
            String name = nameTxt.getText().toString();
            String author = authorTxt.getText().toString();
            float price = Float.parseFloat(priceTxt.getText().toString());
            //插入数据
            db.insertBook(name, author, price);

            Toast.makeText(this, "添加图书成功", Toast.LENGTH_LONG).show();
        }
        else if(id==R.id.Btn_find)
        {
            Book book = db.findBookById(Integer.parseInt(""+bookidTxt.getText()));
            nameTxt.setText(book.name);
            authorTxt.setText(book.author);
            priceTxt.setText(""+book.price);

            Toast.makeText(this, "查询成功", Toast.LENGTH_LONG).show();
        }
        else if(id==R.id.Btn_update)
        {
            //获得数据
            int _id = Integer.parseInt(""+bookidTxt.getText());
            String name = nameTxt.getText().toString();
            String author = authorTxt.getText().toString();
            float price = Float.parseFloat(priceTxt.getText().toString());
            Log.i("SQL", "id:"+_id);
            db.updateBook(_id, name, author, price);

            Toast.makeText(this, "修改成功", Toast.LENGTH_LONG).show();
        }
        else if(id==R.id.Btn_delete)
        {
            db.deleteBookById(Integer.parseInt(bookidTxt.getText().toString()));
```

```
            Toast.makeText(this, "已删除", Toast.LENGTH_LONG).show();
        }
        else if(id==R.id.Btn_showlist)
        {
            //获得图书数组
            ArrayList<Book> bookList = (ArrayList)db.getBookList();

            Intent intent = new Intent(this,BookListActivity.class);
            intent.putParcelableArrayListExtra("book", bookList);
            startActivity(intent);


        }


    }//clickBtn


}//End
```

实现该图书信息管理系统的具体步骤如下：

(1) 填写表单数据并点击"添加图书"按钮，在 DDMS 数据库的目录下生成数据库，结果如图 4.5 所示。

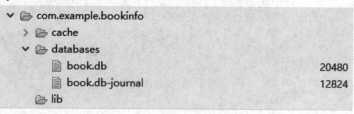

图 4.5

我们进入数据库可以看到以下结果，如图 4.6 所示。

```
C:\Users\Administrator>adb shell
root@android:/ # cd /data/data/com.example.bookinfo/databases/
root@android:/data/data/com.example.bookinfo/databases # 1s
book.db
book.db-journal
root@android:/data/data/com.example.bookinfo/databases # sqlite3 book.db
SQLite version 3.7.11 2012-03-20 11:35:50
Enter ".help" for instructions
Enter SQL statements terminated with a ";"
sqlite> .table
android_metadata  bookinfo
sqlite> select * from bookinfo;
1|Android|Tom|12.0
2|Java|Jack|12.0          ——→  新增的两本书籍信息
sqlite>
```

图 4.6

(2) 在"图书编号"的输入框中输入"1"，然后点击"根据图书编号删除图书"按钮，可以将图书编号为"1"的书籍信息删除。这时进入数据库可以看到以下结果，如图 4.7 所示。

```
C:\Users\Administrator>adb shell
root@android:/ # cd /data/data/com.example.bookinfo/databases/
root@android:/data/data/com.example.bookinfo/databases # 1s
book.db
book.db-journal
root@android:/data/data/com.example.bookinfo/databases # sqlite3 book.db
SQLite version 3.7.11 2012-03-20 11:35:50
Enter ".help" for instructions
Enter SQL statements terminated with a ";"
sqlite> .table
android_metadata  bookinfo
sqlite> select * from bookinfo;
1|Android|Tom|12.0
2|Java|Jack|12.0                    可以看到编号为1的书籍的信息已被删除
sqlite> select * from bookinfo;
2|Java|Jack|12.0
sqlite>
```

图 4.7

(3) 在"图书编号"输入框中输入"2"，然后填写其他输入框，再点击"根据图书编号修改图书"按钮。这时进入数据库可以看到以下结果，如图 4.8 所示。

```
sqlite> select * from bookinfo;
2|XML|LI|12.0
sqlite>
```

图 4.8

(4) 点击"查看图书列表"按钮，运行结果如图 4.9 所示。

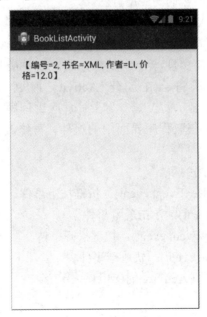

图 4.9

第5章　Activity

　　Activity 组件是 Android 系统应用的重要组成部分之一，是 Android 系统应用中最常见的组件之一。有 Web 开发经验的同学对 Servlet 应该比较熟悉，实际上 Activity 对于 Android 应用的作用类似于 Servlet 对于 Web 的作用。一个 Web 应用通常由 N 个 Servlet 组成，而一个 Android 系统应用通常也由 N 个 Activity 组成。对于 Web 应用而言，Servlet 主要负责与用户交互，并向用户呈现应用状态；对于 Android 系统应用而言，Activity 也有类似的功能。

　　与开发 Web 应用时建立 Servlet 类似，建立自己的 Activity 也需要继承 Activity 基类。当然，在不同应用场景下，有时候也需要继承 Activity 的子类。如果应用程序界面只包含列表，那么可以让应用程序继承 ListActivity；如果应用程序界面需要实现标签页面效果，则可以让应用程序继承 TabActivity。

　　Activity 类间接或直接地继承了 Context、ContextWrapper、ContextThemeWrapper 等基类，因此 Activity 可以直接调用它们的应用方法。

　　与 Servlet 类似，当一个 Activity 类被定义之后，这个 Activity 类何时被实例化，它所包含的方法何时被调用，这些都不是开发者所能决定的，而由 Android 系统来决定。

　　创建一个 Activity 时需要实现一个或多个方法，其中最常见的就是实现 onCreate(Bundle status) 方法，该方法将会在创建 Activity 时回调。在该方法中，调用 setContentView 方法来显示要展示的 View。为了管理应用程序中的各组件，调用 Activity 的 findViewById(int id) 方法来获取程序界面中的组件，再修改各个组件的应用方法和属性就可以了。

　　下面列出 Activity 经常用到的事件：

　　onKeyDown(int keyCode, KeyEvent event)：按键按下事件。

　　onTouchEvent(KeyEvent event)：单击屏幕事件。

　　onKeyUp(int keyCode, KeyEvent event)：按键松开事件。

　　onTrackballEvent(KeyEvent event)：轨迹球事件。

　　下面以一个项目为例，介绍 Activity 的应用。

1. 创建项目

　　新建一个名为"事件处理"的项目，如图 5.1 所示。

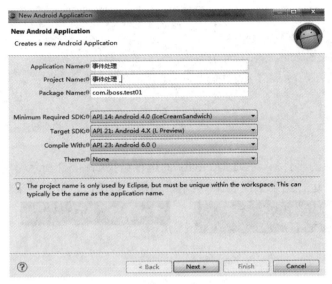

图 5.1

2. 编写 EventActivity.java

重写我们需要处理的事件，然后使用 Toast 显示给用户。

编写 EventActivity.java 文件，代码如下：

```java
public class EventActivity extends Activity {
    @Override
    protected void onCreate(Bundle savedInstanceState) {
        super.onCreate(savedInstanceState);
        setContentView(R.layout.activity_event);
    }
    @Override
    public boolean onKeyDown(int keyCode, KeyEvent event) {
        showInfo("按键，按下");
        return super.onKeyDown(keyCode, event);
    }
    @Override
    public boolean onKeyUp(int keyCode, KeyEvent event) {
        showInfo("按键，抬起");
        return super.onKeyUp(keyCode, event);
    }
    @Override
    public boolean onTouchEvent(MotionEvent event) {
        float x=event.getX();
        float y=event.getY();
        showInfo("你单机的坐标为:("+x+":"+y+")");
```

```
        return super.onTouchEvent(event);
    }
    public void showInfo(String info){
        Toast.makeText(this, info, Toast.LENGTH_LONG).show();
    }
}
```

3. 执行程序

当我们点击相应的事件后，EventActivity 的运行结果如图 5.2 所示。

当按下按键时，运行结果如图 5.2(a)所示；当松开按键时，运行结果如图 5.2(b)所示。

(a)　　　　　　　　　　　　(b)

图 5.2

当单击屏幕时，运行结果如图 5.3 所示。

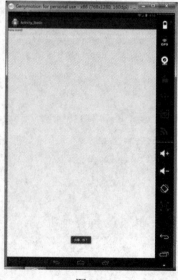

图 5.3

我们了解 Activity 后就可以对用户的操作进行处理了。前面说到，一个 Activity 就是一个屏幕，它是用户操作的屏幕，也是 Android 系统显示内容的屏幕。当 Activity 类被创建的时候，开发人员就可以通过 SetContentView()接口把 UI 加载到 Activity 创建的屏幕上。当然，Activity 不仅可以全屏显示，也可以作为漂浮窗口显示，或者嵌入其他 Activity 中(使用 ActivityGroup)。大部分 Activity 子类都需要实现 onCreate()接口。

onCreate()接口是初始化 Activity 的地方，我们通常调用 setContentView()设置在资源文件中定义的 UI，使用 findViewById()可以获得 UI 中定义的控件。

5.1　Activity 的生命周期

Activity 有三种状态，分别是运行状态、暂停状态和停止状态。

1. 运行状态

当 Activity 在屏幕的最前端时，它是可见的、有焦点的，可以用来处理用户的操作，称为激活或运行状态。当 Activity 处于运行状态的时候，Android 系统会尽可能地保存它的运行，即使出现内存不足等情况，Android 系统也会先杀死堆栈底部的 Activity，以确保运行状态的 Activity 正常运行。

2. 暂停状态

在某些情况下，Activity 对用户来说依然是可见的，但不再拥有焦点，即用户对它的操作是没有实际意义的，此时就是暂停状态。例如，在最前端的 Activity 是透明的或者没有全屏的，那么下层仍然可见的 Activity 就是暂停状态。暂停的 Activity 仍然是激活的，但当内存不足时，可能会被系统杀死。

3. 停止状态

当 Activity 完全不可见时，它就处于停止状态。处于停止状态的 Activity 仍然保留着当前状态和成员信息。然而这些对用户来说，都是不可见的，同暂停状态一样，它也有被系统杀死的可能。

Activity 状态的变化是人为操作的，而这些状态的改变也会触发一些事件，我们称之为生命周期事件。Activity 的生命周期事件一共有以下七个：

(1) void onCreate(Bundle savedInstanceState)；

(2) void onStart()；

(3) void onRestart()；

(4) void onResume()；

(5) void onPause()；

(6) void onStop()；

(7) void onDestroy()。

这些方法的作用从字面不难理解，这些事件都是在什么时候触发的呢？先来看看 Google 的官方文档中生命周期的模型，如图 5.4 所示。

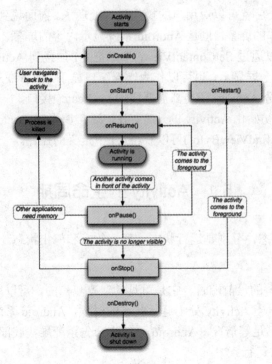

图 5.4

当打开一个 Activity 时，如果该 Activity 实例不存在于 Activity 管理器中，就会触发 onCreate 事件。Activity 的实例不是我们自己创建的，是系统自己创建的。接下来是 onStart 事件，然后是 onResume 事件，此时 Activity 就处于回调状态。

接下来我们通过一个实例讲解 Activity 完整的生命周期。

(1) 创建项目。

创建一个名为 ActivityLife 的项目，如图 5.5 所示。

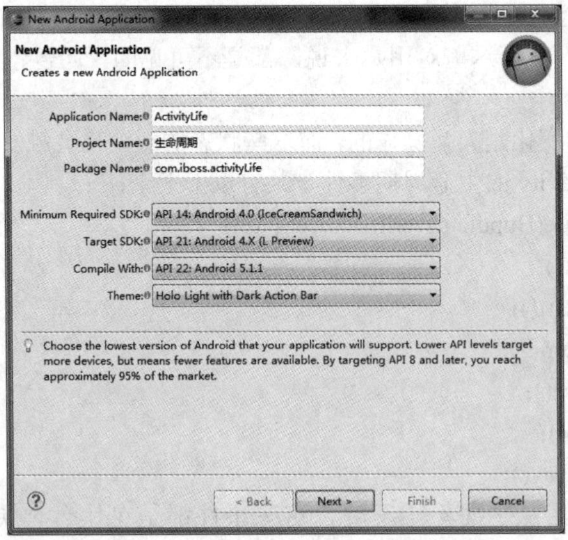

图 5.5

(2) 编写 MainActivity.java。

编写 MainActivity.java 文件，代码如下：

```java
public class MainActivity extends Activity {
Button    btOpen,btExit;
@Override
protected void onCreate(Bundle savedInstanceState) {
super.onCreate(savedInstanceState);
setContentView(R.layout.activity_main);
Log.i("life", "onCreate...");
btOpen=(Button) findViewById(R.id.open);
btExit=(Button) findViewById(R.id.exit);
//打开一个新的 Activity
btOpen.setOnClickListener(new OnClickListener() {
    @Override
public void onClick(View v) {
    }
});
//退出当前 Activity
btExit.setOnClickListener(new OnClickListener() {
    @Override
    public void onClick(View v) {
    }
});
}
```

首先要重写七个相应被触发的方法，以日志的形式输出相应的事件信息，然后添加两
个 Button，一个用来启动新的 Activity，另一个用来退出当前的 Activity。

重写它的七个生命周期文件，代码如下：

```java
@Override
    protected void onStart() {
        super.onStart();
        Log.i("life", "onStart...");
    }
    @Override
    protected void onRestart() {
        super.onRestart();
        Log.i("life", "onRestart...");
    }
    @Override
```

```
        protected void onResume() {
            super.onResume();
            Log.i("life", "onResume...");
        }
        @Override
        protected void onPause() {
            super.onPause();
            Log.i("life", "onPause...");
        }
        @Override
        protected void onStop() {
            super.onStop();
            Log.i("life", "onStop...");
        }
        @Override
        protected void onDestroy() {
            super.onDestroy();
            Log.i("life", "onDestroy...");
        }
```

再新建一个 OtherActivity，同样重写需要触发的生命周期事件。与 MainActivity.java 类似，在清单文件 AndroidManifest.xml 中写入注册信息，代码如下：

```
    <activity
            android:name=".OtherActivity"
        android:theme="@android:style/Theme.Dialog">
        </activity>
```

注意：android:name=".OtherActivity"的点表示该类与程序在相同的包下，读者最好使用"包名+类名"。Android:theme：设置 Activity 的主题，主要是为了达到显示暂停状态而设置。

处理两个 Button 的事件，代码如下：

```
//打开一个新的 Activity
    btOpen.setOnClickListener(new OnClickListener() {
        @Override
        public void onClick(View v) {
            Intent open=new Intent(MainActivity.this, OtherActivity.class);
            startActivity(open);
        }
    });
//退出当前 Activity
```

```
btExit.setOnClickListener(new OnClickListener() {
    @Override
    public void onClick(View v) {
        // TODO Auto-generated method stub
        finish();
    }
});
```

运行程序，单击"退出"按钮，调用 finish()方法结束 Activity 整个事件的调用。值得注意的是，在调用 finish()之后系统会先调用 onPause()，再调用 onStop()，之后调用 onDestroy()，运行结果如图 5.6 所示。

Level	Time	PID	TID	Application	Tag	Text
I	03-02 20:15:58.621	1980	1980		life	onCreate...
I	03-02 20:15:58.625	1980	1980		life	onStart...
I	03-02 20:15:58.629	1980	1980		life	onResume...
I	03-02 20:16:17.845	1980	1980	com.iboss.activityLife	life	onPause...
I	03-02 20:16:19.093	1980	1980	com.iboss.activityLife	life	onStop...
I	03-02 20:16:19.093	1980	1980	com.iboss.activityLife	life	onDestroy...

图 5.6

启动应用之后，点击"打开新 Activity"按钮，观看一下触发的相应事件，运行结果如图 5.7 所示。

Time	PID	TID	Application	Tag	Text
03-02 20:23:08.361	2064	2064		life	onCreate...
03-02 20:23:08.361	2064	2064		life	onStart...
03-02 20:23:08.365	2064	2064		life	onResume...
03-02 20:23:10.681	2064	2064	com.iboss.activityLife	life	onPause...

图 5.7

从 LogCat 控制台上看，新的 Activity 已经启动，而之前的 Activity 还处于可见状态，只是我们再去点击按钮已经没有反应，也就是失焦。此时 MainActivity 处于暂停状态，OtherActivity 处于运行状态。

这里对 Activity 生命周期做一个总结：

Activity 从创建到运行状态所触发的事件：onCreate()-onStart()-onResume()；

当 Activity 从运行状态到停止状态所触发的事件：onPause()-onStop()；

当 Activity 从停止状态到运行状态所触发的事件：onRestart()-onStart()-onResume()；

当 Activity 从运行状态到暂停状态所触发的事件是：onPause()；

当 Activity 从暂停状态到运行状态所触发的事件是：onResume()。

5.2　Activity 之间的跳转

5.2.1　利用 setContentView()实现页面跳转

在很多项目中需要多个 Activity，但是也有的项目只用到一个 Activity。如果应用只有一个 Activity，它的作用就是通过 setContentView()方法载入不同的 Layout 来实现页面的跳转。

1．创建项目

新建一个 Android 项目 oneActivity，如图 5.8 所示

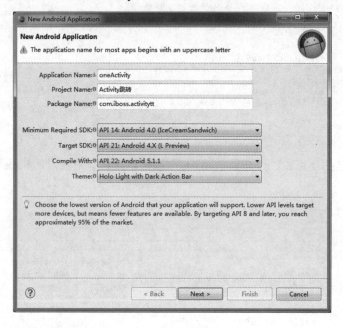

图 5.8

2．编写 activity_main.xml 文件

在 activity_main.xml 中添加一个按钮，代码如下：

```xml
<LinearLayout xmlns:android="http://schemas.android.com/apk/res/android"
    xmlns:tools="http://schemas.android.com/tools"
    android:layout_width="match_parent"
    android:layout_height="match_parent"
    android:orientation="vertical"        tools:context="${relativePackage}.${activityClass}">
    <TextView
    android:layout_width="wrap_content"
    android:layout_height="wrap_content"
```

```
android:text="这是第一页" />
    <Button
android:id="@+id/btNext"
android:layout_width="wrap_content"
android:layout_height="wrap_content"
android:text="下一页" />
</LinearLayout>
```

3. 编写 two.xml

新建一个 Layout 文件 two.xml ，代码如下：

```
<?xml version="1.0" encoding="utf-8"?>
<LinearLayout xmlns:android="http://schemas.android.com/apk/res/android"
    android:layout_width="match_parent"
    android:layout_height="match_parent"
    android:orientation="vertical">
    <TextView
        android:id="@+id/textView1"
        android:layout_width="wrap_content"
        android:layout_height="wrap_content"
        android:text="这是第二页" />
    <Button
        android:id="@+id/btUp"
        android:layout_width="wrap_content"
        android:layout_height="wrap_content"
        android:text="上一页" />
</LinearLayout>
```

4. 编写 MainActivity.java

在 MainActivity 中，一开始加载的是 main.xml，单击"下一页"按钮，显示第二页界面，然后单击"上一页"按钮，返回原页面，实现不同页面之间的转换效果，代码如下：

```
MainActivity.java 文件：
public class MainActivity extends Activity {
    @Override
    protected void onCreate(Bundle savedInstanceState) {
        super.onCreate(savedInstanceState);
        setContentView(R.layout.activity_main);
        Button btNext = (Button) findViewById(R.id.btNext);
    btNext.setOnClickListener(new OnClickListener() {
            @Override
    public void onClick(View v) {
```

```
            // TODO Auto-generated method stub
            nextLayout();
        }
    });
}
public void nextLayout(){
    setContentView(R.layout.two);
    Button btUp=(Button) findViewById(R.id.btUp);
    //点击显示上一页
btUp.setOnClickListener(new OnClickListener() {
        @Override
        public void onClick(View v) {
            setContentView(R.layout.activity_main);
findViewById(R.id.btNext).setOnClickListener(new OnClickListener() {

                @Override
                public void onClick(View v) {
                    // TODO Auto-generated method stub
                    nextLayout();
                }
            });
        }
    });
}
}
```

运行结果如图 5.9 所示。

图 5.9

利用 setContentView 来转换页面有一个优点，就是不管是类变量还是类函数都在一个 Activity 中进行，不需要参数传递数据。

5.2.2 利用 Intent 实现 Activity 之间的跳转

1．创建项目

新建另一个 Android 项目 OtherActivity，并同时创建该 Activity 的布局文件，在清单文件中注册该 Activity，代码如下：

```xml
<LinearLayout xmlns:android="http://schemas.android.com/apk/res/android"
    xmlns:tools="http://schemas.android.com/tools"
    android:layout_width="match_parent"
    android:layout_height="match_parent"
    android:orientation="vertical"
    tools:context="${relativePackage}.${activityClass}">
    <TextView
        android:id="@+id/tvOne"
        android:layout_width="wrap_content"
        android:layout_height="wrap_content"
        android:text="第一个 activity"
        android:textSize="50sp" />
    <EditText
        android:id="@+id/etText"
        android:layout_width="match_parent"
        android:layout_height="wrap_content" />
    <Button
        android:id="@+id/open"
        android:layout_width="wrap_content"
        android:layout_height="wrap_content"
        android:text="跳到第二个"
        android:textSize="50sp" />
</LinearLayout>
```

activity_other.xml 的代码如下：

```xml
<LinearLayout xmlns:android="http://schemas.android.com/apk/res/android"
    xmlns:tools="http://schemas.android.com/tools"
    android:layout_width="match_parent"
    android:layout_height="match_parent"
    android:orientation="vertical"
    tools:context="${relativePackage}.${activityClass}">
    <TextView
```

```
        android:id="@+id/tvShow"
        android:textSize="50sp"
        android:layout_width="wrap_content"
        android:layout_height="wrap_content"
        android:text="第二个 activity" />
    </LinearLayout>
```

2. 编写 MainActivity.java

在 MainActivity 中打开 OtherActivity，这个时候就用到了 Intent(意图)。Intent 用于激活组件和在组件中传递数据。

MainActivity.java 的代码如下：

```java
public class MainActivity extends Activity {
    Button btOpen;
    EditText etText;
    TextView tvOne;
    @Override
    protected void onCreate(Bundle savedInstanceState) {
        super.onCreate(savedInstanceState);
        setContentView(R.layout.activity_main);
        Intent intent=getIntent();
        etText=(EditText) findViewById(R.id.etText);
        tvOne=(TextView) findViewById(R.id.tvOne);
        btOpen=(Button) findViewById(R.id.open);
        btOpen.setOnClickListener(new OnClickListener() {
            @Override
            public void onClick(View v) {
                String content=etText.getText().toString().trim();
                //打开 OtherActivity
                Intent intent=new Intent(MainActivity.this, OtherActivity.class);
                startActivity(intent);
            }
        });
    }
}
```

3. 运行结果

运行应用，结果如图 5.10(a)所示，单击按钮之后，运行结果如图 5.10(b)所示。

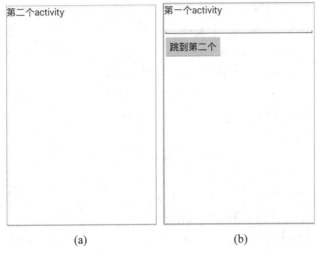

(a)　　　　　　　　　　　(b)

图 5.10

5.2.3　Activity 之间的数据交互

使用 Intent 可以打开一个新的组件，同时也可以传递数据给新的组件。给上个案例中的 activity_main.xml 布局文件增加 EditText 控件，代码如下：

```
<EditText
        android:id="@+id/etText"
        android:layout_width="match_parent"
        android:layout_height="wrap_content" />
```

修改 MainActivity.java 代码如下：

```
public class MainActivity extends Activity {
    Button btOpen;
    EditText etText;
    TextView tvOne;
    @Override
    protected void onCreate(Bundle savedInstanceState) {
        super.onCreate(savedInstanceState);
        setContentView(R.layout.activity_main);
        Intent intent=getIntent();
        etText=(EditText) findViewById(R.id.etText);
        tvOne=(TextView) findViewById(R.id.tvOne);
        btOpen=(Button) findViewById(R.id.open);
        btOpen.setOnClickListener(new OnClickListener() {
            @Override
            public void onClick(View v) {
                String content=getText.getText().toString().trim();
```

```
                        //打开 OtherActivity
                        Intent intent=new Intent(MainActivity.this, OtherActivity.class);
                        intent.putExtra("content", content);
                        //startActivity(intent);        //删除此行代码
                        //使用此 API, 设置请求码为 1, 当跳转页面返回时, 可以得到返回数据
                        startActivityForResult(intent, 1);
                    }
                });
            }
            @Override
            protected void onActivityResult(int requestCode, int resultCode, Intent data) {
                // TODO Auto-generated method stub
                String content=data.getStringExtra("result");
                tvOne.setText(content);
            }
        }
```

修改 activity_other.xml 布局文件, 增加返回按钮, 代码如下:

```
    <Button
            android:textSize="50sp"
            android:id="@+id/btExit"
            android:layout_width="wrap_content"
            android:layout_height="wrap_content"
            android:text="返回" />
```

在 OtherActivity.java 中修改 onCreate()方法, 得到传递来的数据, 并且通过 TextView
显示出来, 代码如下:

```
    public class OtherActivity extends Activity {
        TextView tvShow;
        Button btExit;
        @Override
        protected void onCreate(Bundle savedInstanceState) {
            super.onCreate(savedInstanceState);
            setContentView(R.layout.activity_other);
            //得到
            Intent intent=getIntent();
            tvShow=(TextView) findViewById(R.id.tvShow);
            btExit=(Button) findViewById(R.id.btExit);
            //得到 Intent 传递来的信息
            final String content=intent.getStringExtra("content");
            //将信息显示出来
```

```
                    tvShow.setText(content);
                    btExit.setOnClickListener(new OnClickListener() {
                        @Override
                        public void onClick(View v) {
                            // TODO Auto-generated method stub
                            //实例化一个意图对象

                Intent data=new Intent();
                            //绑定数据
                            data.putExtra("result", "otherActivity"+content);
                            //设置结果码已经意图对象
                            setResult(2, data);
                            //挂关闭 Activity
                            OtherActivity.this.finish();
                        }
                    });
                }
            }
```

在第一个界面中输入"nihao"，点击"跳转"按钮，运行结果如图 5.11 所示。

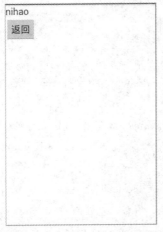

图 5.11

这样就实现了从一个 Activity 跳转到另外一个 Activity 时传递的信息数据。有些时候需要跳转的页面返回数据，如何实现呢？我们需要使用新的 API 实现组件的跳转。

startActivityForResult(Intent intent, int requestCode)

参数 1：intent(意图)，跳转到哪个组件。

参数 2：requestCode(请求码)，请求码的值是根据需要由自己设定的，用于标识请求来源。例如：一个 Activity 有两个按钮，点击这两个按钮都会打开同一个 Activity，不管是哪个按钮打开新 Activity，当这个新 Activity 关闭后，系统都会调用前面 Activity 的 onActivityResult(int requestCode, int resultCode, Intent data)方法。

setResult(int resultCode, Intent intent)

当通过 startActivityForResult(Intent intent, int requestCode)这一方法打开新的界面返回数据时，通过调用此方法，传递数据返回给上一组件。

参数 1：resultCode(结果码)。一个 Activity 可以通过 startActivityForResult 打开不同的 Activity。当都需要数据返回时，通过此结果码来区分是由哪一个 Activity 返回的数据。

参数 2：intent(意图)。

protected void onActivityResult(int requestCode, int resultCode, Intent data)

当返回上一界面时，想得到返回的数据，需要重写此方法。

参数 1：requestCode 　　(请求码)

参数 2：resultCode 　　(结果码)

参数 3：data · 　　(返回参数)

MainActivity.java 的代码修改如下：

```java
public class MainActivity extends Activity {
    Button btOpen;
    EditText etText;
    TextView tvOne;
    @Override
    protected void onCreate(Bundle savedInstanceState) {
        super.onCreate(savedInstanceState);
        setContentView(R.layout.activity_main);
        Intent intent=getIntent();
        etText=(EditText) findViewById(R.id.etText);
        tvOne=(TextView) findViewById(R.id.tvOne);
        btOpen=(Button) findViewById(R.id.open);
        btOpen.setOnClickListener(new OnClickListener() {
            @Override
            public void onClick(View v) {
                String content=etText.getText().toString().trim();
                //打开 OtherActivity
                Intent intent=new Intent(MainActivity.this, OtherActivity.class);
                intent.putExtra("content", content);
                //startActivity(intent);  //删除此行代码
                //使用此 API 设置请求码为 1，当跳转页面返回时，可以得到返回数据
                startActivityForResult(intent, 1);
            }
        });
    }
    @Override
```

```
        protected void onActivityResult(int requestCode, int resultCode, Intent data) {
            // TODO Auto-generated method stub
            String content=data.getStringExtra("result");
            tvOne.setText(content);
        }
    }
```

在 OtherActivity.java 得到数据后，点击"返回"按钮，在返回按钮的点击事件中，设置结果码以及传递回去的数据，在主界面显示出来。

OtherActivity.java 的代码修改如下：

```
public class OtherActivity extends Activity {
    TextView tvShow;
    Button btExit;
    @Override
    protected void onCreate(Bundle savedInstanceState) {
        super.onCreate(savedInstanceState);
        setContentView(R.layout.activity_other);
        //得到
        Intent intent=getIntent();
        tvShow=(TextView) findViewById(R.id.tvShow);
        btExit=(Button) findViewById(R.id.btExit);
        //得到 Intent 传递来的信息
        final String content=intent.getStringExtra("content");
        //将信息显示出来
        tvShow.setText(content);
        btExit.setOnClickListener(new OnClickListener() {
            @Override
            public void onClick(View v) {
                // TODO Auto-generated method stub
                //实例化一个意图对象
                Intent data=new Intent();
                //绑定数据
                data.putExtra("result", "otherActivity"+content);
                //设置结果码以及意图对象
                setResult(2, data);
                //关闭 Activity
                OtherActivity.this.finish();
            }
        });
```

```
    }
  }
```

　　通过 setResult 方法设置返回上一 Activity，在 MainActivity 中需要重写 onActivityResult() 方法，运行结果如图 5.12 所示。

图 5.12

至此，组件 Activity 的基本知识介绍完毕。

第6章　Service

　　Service 组件是 Android 系统四大组件中与 Activity 最相似的组件，它们都是可执行的程序。Service 与 Activity 的区别在于：Service 一直在 Android 系统的后台运行，它没有用户界面，所以绝不会到系统的前台来。Service 完全具有自己的生命周期，程序中 Activity 与 Service 的选择标准是：如果某个程序组件需要在运行期间向用户呈现某种界面，或者该程序组件需要与用户进行交互，就需要使用 Activity；否则就应该使用 Service。

　　开发 Service 组件的步骤与开发 Activity 组件的步骤相似，开发 Service 组件需要创建一个 Service 的子类，然后在清单文件中配置该 Service 组件。

　　Service 的特点如下：

　　(1) Service 是一个应用程序组件(Component)，与 Activity、BroadcastReceiver 在一个层次；

　　(2) Service 没有图形界面；

　　(3) Service 通常用来处理一些耗时较长的操作(如下载、播放音乐)，如果用 BroadcastReceiver 处理超过 10 s 的操作，则系统通常会报错；

　　(4) 可以使用 Service 更新 ContentProvider，发送 Intent 以及启动系统的通知等。

6.1　创建配置 Service

　　开发 Service 组件的步骤如下：

　　(1) 定义一个继承 Service 组件的子类。

　　(2) 在清单文件中配置该 Service 组件。

　　在 Service 组件的生命周期里，常用的方法有以下几个：

　　IBinder onBind(Intent intent)：该方法是 Service 子类必须实现的方法。该方法返回一个 IBinder 对象，应用程序可通过该对象与 Service 组件通信。

　　void onCreate()：当该 Service 第一次被创建后将立即回调该方法。

　　void　onDestroy()：当该 Service 被关闭时将会回调此方法。

　　void　onStartConmmand(Intent intent, int flags,int startId)：每次客户端调用 startService(Intent) 方法启动该 Service 时都会调用该方法。

　　boolean onUnbind(Intent intent)：当该 Service 上绑定的所有客户端都断开连接时回调该方法。

6.2　启动 Service

6.2.1　使用 startService()启动服务

通过 Context 的 startService()方法启动的服务，访问者之间没有关联，即使访问者退出了，Service 依然存在。

下面的程序用于在 Activity 中启动 Service。该 Activity 的界面中包含两个按钮，一个开启，一个关闭。我们在程序中可查看 log 日志，理解 Service 的生命周期。

1. 创建项目

创建一个 MyService 类继承 Service，重写 onCreate()、onDestroy()、onStartCommand (Intent intent，int flags)方法。

MyService.java 的代码如下：

```java
public class MyService    extends Service{
    @Override
    public IBinder onBind(Intent intent) {
        // TODO Auto-generated method stub
        return null;
    }
    /**
     * 创建服务
     */
    @Override
    public void onCreate() {
        // TODO Auto-generated method stub
        System.out.println("oncreate...");
        super.onCreate();
    }
    /**
    * 开启服务
    */
    @Override
    public int onStartCommand(Intent intent, int flags, int startId) {
        // TODO Auto-generated method stub

        System.out.println("onStartCommand...");
        return super.onStartCommand(intent, flags, startId);
```

```
    }
    /**
     * 关闭服务
     */
    @Override
    public void onDestroy() {
        // TODO Auto-generated method stub
        System.out.println("onDestroy...");
        super.onDestroy();
    }
}
```

2. 在清单文件中注册 Service

注册 Service 的代码如下：

```
<service
android:name="com.example.day050401_service.MyService">
</service>
```

3. 编写布局文件

activity_main.xml 的代码如下：

```
<LinearLayout xmlns:android="http://schemas.android.com/apk/res/android"
    android:layout_width="fill_parent"
    android:layout_height="fill_parent"
    android:orientation="vertical">
    <Button
        android:onClick="start"
        android:id="@+id/button1"
        android:layout_width="wrap_content"
        android:layout_height="wrap_content"
        android:text="开启" />
    <Button
        android:onClick="stop"
        android:id="@+id/button2"
        android:layout_width="wrap_content"
        android:layout_height="wrap_content"
        android:text="停止" />
</LinearLayout>
```

　　在 xml 布局文件中定义了两个 Button，并且给每一个 Button 绑定了点击事件。在此我们通过 android:onClick="start" 方法绑定事件，在 MainActivity.java 文件中处理点击事件。

4．编写 MainActivity.java 文件

MainActivity.java 的代码如下：

```
public class MainActivity extends Activity {
    private Intent service;
    @Override
    protected void onCreate(Bundle savedInstanceState) {
        super.onCreate(savedInstanceState);
        setContentView(R.layout.activity_main);
        service = new Intent(this, MyService.class);
    }
    public void start(View view) {
        switch (view.getId()) {
        case R.id.button1:
            startService(service);
            break;
        case R.id.button2:
            stopService(service);
            break;
        default:
            break;
        }
    }
}
```

在 MainActivity.java 类中定义 start(View view)方法，格式必须是 public void start(View view)，方法名必须与布局文件中绑定的方法名一致。通过 view.getId()方法可得到触发该点击事件的控件。

5．运行程序

主界面运行结果如图 6.1 所示。

图 6.1

点击界面上的"开启"按钮，我们可以看到如图 6.2 所示的运行结果。

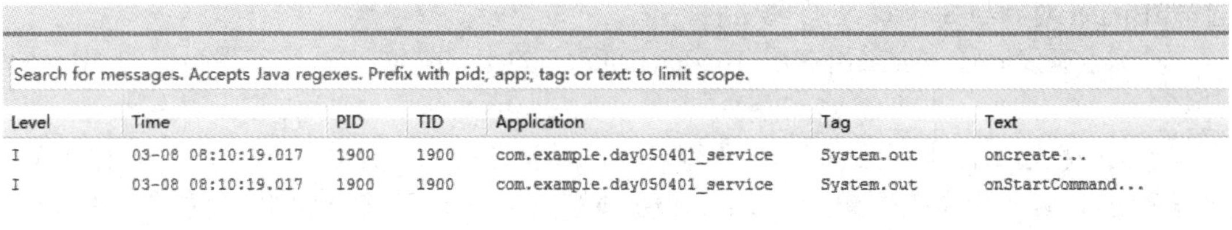

Level	Time	PID	TID	Application	Tag	Text
I	03-08 08:10:19.017	1900	1900	com.example.day050401_service	System.out	oncreate...
I	03-08 08:10:19.017	1900	1900	com.example.day050401_service	System.out	onStartCommand...

Search for messages. Accepts Java regexes. Prefix with pid:, app:, tag: or text: to limit scope.

图 6.2

当点击"开启"按钮时，通过 startService(Intent intent)方法创建服务，可以看到当第一次开启服务的时候，首先调用了 onCreate()方法，然后调用了 onStartCommand()方法。

点击界面上的"停止"按钮，运行结果如图 6.3 所示。

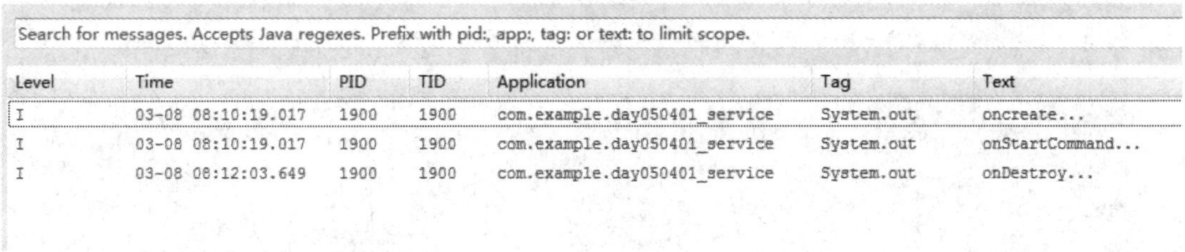

Level	Time	PID	TID	Application	Tag	Text
I	03-08 08:10:19.017	1900	1900	com.example.day050401_service	System.out	oncreate...
I	03-08 08:10:19.017	1900	1900	com.example.day050401_service	System.out	onStartCommand...
I	03-08 08:12:03.649	1900	1900	com.example.day050401_service	System.out	onDestroy...

Search for messages. Accepts Java regexes. Prefix with pid:, app:, tag: or text: to limit scope.

图 6.3

在此点击事件中使用 stopService()关闭服务，服务将调用 onDestroy()方法。

6.2.2 使用 BindService()启动服务

当程序通过 startService()和 stopService()来启动和关闭 Service 时，Service 与访问者之间基本上不存在关联，因此 Service 和访问者之间也无法进行通信和数据交换。

如果 Service 与访问者之间需要进行方法调用或者数据交换，则应该使用 BindService()方法启动。方法如下：

BindService(Intent service, ServiceConnection conn,int flags)：

参数 service：该参数通过 Intent 指定要启动的 Service。

参数 conn ：该参数是一个 ServiceConnection 对象，该对象用于监听访问者与 Service 之间的连接情况。当访问者与 Service 之间连接成功时，将回调该 ServiceConnection 对象的 onServiceConnected(ComponentName name,IBinder service)方法；当 Service 所在的宿主进程由于异常终止或由于其他原因终止，导致该 Service 与访问者之间断开连接时，回调该对象的 onServiceDisconnected(ComponentName name)方法。

参数 flags：指定绑定时是否自动创建 Service(如果 Service 还未创建)。该参数可指定为 0 或者 BIND_AUTO_CREATE(自动创建)。

在 ServiceConnection 对象的 onServiceConnected 方法中有一个 IBinder 对象，利用该对象可以实现与绑定的 Service 之间的通信。

当开发 Service 类时，该 Service 类必须提供一个 IBinder onBind(Intent intent)方法。在绑定 Service 的情况下，onBind(Intent intent)方法返回的 IBinder 对象将会传给

ServiceConnection 对象里的 onServiceConnected()方法中的 Service 参数，这样访问者就可通过该 IBinder 对象与 Service 进行通信。

实际上开发时通常会采用继承 Binder(IBinder 的实现类)的方式来实现自己的 IBinder 对象。

下面的程序示范如何在 Activity 中绑定本地服务 Service，并获取 Service 的运行状态。该程序的 Service 类需要"真正"实现 OnBind()方法，并让该方法返回一个有效的 IBinder 对象。

MyBindService.java 的代码如下：

```java
public class MyBindService   extends Service{
    private boolean exit=false;//线程控制变量
    private int count;
    private MyBinder binder=new MyBinder();
    //通过继承 Binder 来实现 IBinder 类
    //①
    public class MyBinder extends Binder{ (
        public int getCount(){
            return count;
        }
    }
    @Override
    public IBinder onBind(Intent intent) {
        Log.i("bindService", "onBind is running..");
        //返回 Binder 对象，该对象为 Service 与访问者通信的桥梁
        return binder;
    }
    @Override
    public void onCreate() {
        super.onCreate();
        Log.i("bindService", "onCreate is running..");
        //开启一个线程，用于改变 count 的值
        new Thread(){
            public void run() {
                try {
                    //开启死循环，增加 count 的值
                    while(!exit){
                        Thread.sleep(1000);
                        count++;
                    }
                } catch (Exception e) {
```

```
                    // TODO: handle exception
                }
            };
        }.start();
    }
    @Override
    public int onStartCommand(Intent intent, int flags, int startId) {
        Log.i("bindService", "onStartCommand is running..");
        return super.onStartCommand(intent, flags, startId);
    }
    @Override
    public void onDestroy() {
        Log.i("bindService", "onDestroy is running..");
        //设置控制变量为 true,当关闭此 Service 时，在 onCreate 中开启的线程也退出死循环
        this.exit=true;
        super.onDestroy();
    }
    @Override
    public boolean onUnbind(Intent intent) {
        Log.i("bindService", "onUnbind is running..");
        return super.onUnbind(intent);
    }
}
```

上面 Service 类实现了 onBind()方法，该方法返回了一个可访问该 Service 状态数据 (count)的 IBinder 对象，可以将该对象传给 Service 的访问者。

上面程序中的代码①通过继承 Binder 类实现了一个 IBinder 对象，这个 MyBinder 对象是 Service 的内部类，这对于绑定本地 Service 并与之通信的场景是一种常见的情形。

接下来用一个 Activity 来绑定该 Service，并在该 Activity 中通过 MyBinder 对象访问 Service 的内部状态。该 Activity 的界面上包含三个按钮，第一个按钮用于绑定 Service，第二个按钮用于解除绑定，第三个按钮则用于获取 Service 的运行状态。在布局文件中给三个按钮绑定事件监听。该 Activity 的代码如下：

MainActivity 的代码如下：

```
public class MainActivity extends Activity {
    Button btBind, btUnbind, btHold;
    Intent service;
    //Service 与访问者的沟通对象
    MyBindService.MyBinder binder;
    //定义一个 ServiceConnection 对象
    private ServiceConnection conn=new ServiceConnection() {
```

```
//当该 Activity 与 Service 断开时回调该方法
@Override
    public void onServiceDisconnected(ComponentName name) {
    Log.i("bindService", "----Service disConnected--");
}
@Override
public void onServiceConnected(ComponentName name, IBinder service) {
    Log.i("bindService", "----Service connected--");
    //获取 Service 的 onBind 方法返回的 MyBinder 对象
    binder=(MyBinder) service;//  ①
}
};
@Override
protected void onCreate(Bundle savedInstanceState) {
    super.onCreate(savedInstanceState);
    setContentView(R.layout.activity_main);
    btBind=(Button) findViewById(R.id.bind);
    btUnbind=(Button) findViewById(R.id.unbind);
    btHold=(Button) findViewById(R.id.hold);
    service=new Intent(this,MyBindService.class);
}
public void open(View view) {
    switch (view.getId()) {
    case R.id.bind://绑定服务
        bindService(service, conn, Service.BIND_AUTO_CREATE);
        break;
    case R.id.unbind://解除绑定 Service
        unbindService(conn);
        break;
    case R.id.hold://得到 Service 的 count 值，利用 Log 显示出来
        int count=binder.getCount();
        Log.i("bindService", "count="+count);//  ②
        break;
    default:
        break;
    }
}
}
```

上面的程序中代码①用于在该 Activity 与 Service 连接成功时获取 Service 的 onBind() 方法所返回的 MyBinder 对象；程序的代码②即可通过 MyBinder 对象来访问 Service 的运行状态。

　　运行该程序，单击程序界面中的"绑定"按钮，即可看到 LogCat 的运行结果，如图 6.4 所示。

Level	Time	PID	TID	Application	Tag	Text
I	03-09 00:00:29.206	1878	1878	com.iboss.bindservice	bindService	onCreate is running..
I	03-09 00:00:29.216	1878	1878	com.iboss.bindservice	bindService	onBind is running..
I	03-09 00:00:29.236	1878	1878	com.iboss.bindservice	bindService	----Service conncoted--

图 6.4

　　在绑定 Service 时，先启动 onCreate 方法，再调用 onBind 方法，最后是 ServiceConnection 中的 onServiceConnected 方法。点击"解除"按钮，LogCat 的运行结果如图 6.5 所示。

Level	Time	PID	TID	Application	Tag	Text
I	03-09 00:00:29.206	1878	1878	com.iboss.bindservice	bindService	onCreate is running..
I	03-09 00:00:29.216	1878	1878	com.iboss.bindservice	bindService	onBind is running..
I	03-09 00:00:29.236	1878	1878	com.iboss.bindservice	bindService	----Service conncoted--
I	03-09 00:02:51.138	1878	1878	com.iboss.bindservice	bindService	onUnbind is running..
I	03-09 00:02:51.138	1878	1878	com.iboss.bindservice	bindService	onDestroy is running..

图 6.5

　　点击"解除"按钮时，先调用 onUnbind 方法，然后是调用 onDestroy 方法。

　　再次点击绑定后，再点击"获取"按钮，即可得到 Service 中 count 值的运行结果，如图 6.6 所示。

Level	Time	PID	TID	Application	Tag	Text
I	03-09 00:04:29.229	1878	1878	com.iboss.bindservice	bindService	onCreate is running..
I	03-09 00:04:29.249	1878	1878	com.iboss.bindservice	bindService	onBind is running..
I	03-09 00:04:29.249	1878	1878	com.iboss.bindservice	bindService	----Service conncoted--
I	03-09 00:04:30.199	1878	1878	com.iboss.bindservice	bindService	count=0
I	03-09 00:04:32.429	1878	1878	com.iboss.bindservice	bindService	count=3
I	03-09 00:04:32.879	1878	1878	com.iboss.bindservice	bindService	count=3

图 6.6

　　与多次调用 StartService()方法启动 Service 不同的是，多次调用 bindService 方法并不会执行重复绑定。对于上一个程序，用户每一次单击启动 Service 时，系统都会回调 Service 的 onStartCommand 方法一次。对于这个实例程序，不管用户单击多少次绑定按钮，系统都只会回调 Service 的 onBind 方法一次。

6.3　IntentService 的使用

IntentService 是 Service 的子类，但不是普通的 Service 子类，它比普通的 Service 子类增加了额外的功能。

先来看看 Service 本身存在的问题：

(1) Service 不会专门启动一个单独的线程，Service 与它所在应用位于同一个进程中。

(2) Service 也不是一个专门的新的线程，它不能执行处理耗时的任务。

而 IntentService 正好可以解决上述不足：IntentService 将会使用队列来管理 Intent 请求，每当客户端代码通过 Intent 请求启动 IntentService 时，IntentService 会将该 Intent 技术加入队列中，然后开启一条新的工作线程来处理该 Intent 请求。处理异步的 StartService() 请求时，IntentService 会按次序依次处理队列中的 Intent 请求，该线程保证同一时刻只处理一个 Intent 请求。由于 IntentService 使用新的工作线程处理 Intent 请求，因此 IntentService 不会阻塞主线程。

IntentService 具有如下特征：

● IntentService 的内部已经创建了一个工作线程，服务一旦启动，这个工作线程就会执行。

● IntentService 内部会有一个任务队列，任务队列的每一个任务会保存这次任务的 intent 对象，然后工作线程会依次从队列中取出任务，并且调用 IntentService 中的 onHandleIntent 方法执行该任务。

● 当任务队列中所有的任务全部执行完毕后，任务就会自动终止。

● 如果主动去停止这个服务，那么 IntentService 会立即销毁，但是他的工作线程不会立即退出，而是要把当前正在执行的任务做完后自动退出，队列中未执行的任务将不再执行。

下面案例的界面主要包含了两个文本框、两个按钮。两个按钮分别启动 Service 和 IntentService，两个 Service 都需要执行耗时任务；两个文本框用于显示耗时任务所在的线程。

案例布局的代码如下：

```
<LinearLayout xmlns:android="http://schemas.android.com/apk/res/android"
    android:layout_width="fill_parent"
    android:layout_height="fill_parent"
    android:orientation="vertical">

    <Button
        android:onClick="open"
        android:id="@+id/btService"
        android:layout_width="wrap_content"
```

```
                android:layout_height="wrap_content"
                android:text="Button" />
        <Button
                android:onClick="open"
                android:id="@+id/btIntentService"
                android:layout_width="wrap_content"
                android:layout_height="wrap_content"
                android:text="Button" />
    </LinearLayout>
```

在 MainActivity.java 中，单击相应按钮时，LogCat 会输出相应的线程名以及运行结果。
MainActivity.java 的代码如下：

```java
    public class MainActivity extends Activity {
        @Override
        protected void onCreate(Bundle savedInstanceState) {
            super.onCreate(savedInstanceState);
            setContentView(R.layout.activity_main);
            Log.i("intentService", "MainActivity 所运行的线程 id: "+Thread.currentThread().getId());

        }
        public void open(View view) {
            switch (view.getId()) {
            case R.id.btService:
                //创建需要启动的 Service 的 intent
                Intent service=new Intent(this,MyService.class);
                startService(service);
                break;
            case R.id.btIntentService:
                //创建需要启动的 IntentService 的 intent
                Intent intent=new Intent(this, MyIntentService.class);
                startService(inten);
                break;
            default:
                break;
            }
        }
    }
```

注意：MyService 以及 MyIntentService 都需要在清单文件中配置。

上面 Activity 的两个事件处理方法中分别启动 MyService 以及 MyIntentService，其中 MyService 是继承 Service 的子类，而 MyIntentService 是继承了 IntentService 的子类。

　　MyService.java 的代码如下：

```java
public class MyService    extends Service{
    @Override
    public IBinder onBind(Intent intent) {
        // TODO Auto-generated method stub
        return null;
    }
@Override
    public int onStartCommand(Intent intent, int flags, int startId) {
        // TODO Auto-generated method stub
        Log.i("intentService", "MyService 所运行的线程 id："+Thread.currentThread().getId());
        try {
            //执行耗时任务，得到 20 秒；
            Thread.sleep(200000);
Log.i("intentService", "MyService 所运行的耗时任务结束");
        } catch (Exception e) {
            // TODO: handle exception
        }
        return super.onStartCommand(intent, flags, startId);
    }
}


@Override
    public int onStartCommand(Intent intent, int flags, int startId) {
        // TODO Auto-generated method stub
        Log.i("intentService", "MyService 所运行的线程 id： "+Thread.currentThread().getId());

        try {
            //执行耗时任务，得到 20 秒；
            Thread.sleep(200000);
            Log.i("intentService", "MyService 所运行的耗时任务结束");

        } catch (Exception e) {
            // TODO: handle exception
        }
```

```
            returnsuper.onStartCommand(intent, flags, startId);
        }
    }
```

上面的 MyService 在 onStartCommand 方法中使用线程睡眠的方式模拟了耗时任务，该线程睡眠了 20 s，相当于执行耗时任务 20 s，由于普通 Service 的执行会阻塞主线程，因此启动该服务将会导致程序出现 ANR 异常。

MyIntentService.java 的代码如下：

```java
public class MyIntentService extends IntentService{
    public MyIntentService(String name) {
        super("MyIntentSercice");
        // TODO Auto-generated constructor stub
    }
    @Override
    protected void onHandleIntent(Intent intent) {
        // TODO Auto-generated method stub
Log.i("intentService", "MyIntentService 所运行的线程 id: "+Thread.currentThread().getId());
Log.i("intentService", Thread.currentThread().getName());
        try {
            //执行耗时任务，得到 20 秒：
            Thread.sleep(200000);
            Log.i("intentService", "MyIntentService 所运行的耗时任务结束");

        } catch (Exception e) {
            // TODO: handle exception

        }
    }
}
```

当点击"打开 Service"按钮时，即可看到 LogCat 的运行结果，如图 6.7 所示。

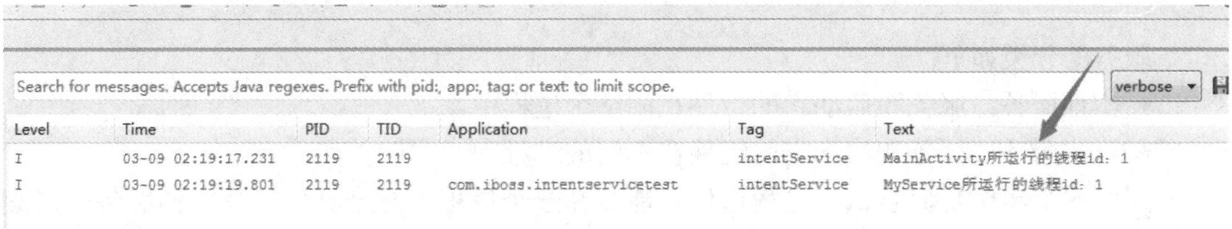

Level	Time	PID	TID	Application	Tag	Text
	Search for messages. Accepts Java regexes. Prefix with pid:, app:, tag: or text: to limit scope.					verbose
I	03-09 02:19:17.231	2119	2119		intentService	MainActivity所运行的线程id: 1
I	03-09 02:19:19.801	2119	2119	com.iboss.intentservicetest	intentService	MyService所运行的线程id: 1

图 6.7

MyService 运行的线程 Id 与主线程运行的 Id 是相同的，也就是说打开的 Service 是运行在主线程中，在主线程中执行耗时任务将会出现 ANR 异常，运行结果如图 6.8 所示。

图 6.8

点击"打开 IntentService"按钮，即可看到 LogCat 的运行结果，如图 6.9 所示。

Level	Time	PID	TID	Application	Tag	Text
I	03-09 02:29:56.141	2442	2442	com.iboss.intentservicetest	intentService	MainActivity所运行的线程id: 1
I	03-09 02:30:43.472	2531	2547	com.iboss.intentservicetest	intentService	MyIntentService 所运行的线程id: 132
I	03-09 02:30:43.472	2531	2547	com.iboss.intentservicetest	intentService	IntentService[myIntentService]

图 6.9

在上图中，主线程 Id 与 Service 运行的线程 Id 是不一样的，证明利用 IntentService 给耗时任务开设了新的线程，从而正常执行耗时任务。值得注意的是，当自定义的类继承 IntentService 时，会自动增加带参数的构造方法，当程序执行时，会出现初始化错误，需要我们修改有参构造为无参构造。在构造方法中调用 super（"service name"），service name 即为开设的线程名。

6.4　远程服务(AIDL)

服务的分类如下：
● 本地服务：服务和启动它的组件在同一个进程中。
● 远程服务：服务和启动它的组件在不同的进程中。
下面这个案例我们尝试跨进程通信，能否在一个进程中打开其他进程中的服务。该案例中我们用到了 2 个项目，一个是远程服务的服务端，另一个是返回远程服务的客服端。在客服端中，我们定义一个 MyRemoteService 类以及一个 PublicFind 接口。
MyRemoteService 的代码如下：

```
public class MyRemoteService    extends Service{
    private MyBinder binder=new MyBinder();
```

```java
public class MyBinder extends Binder implements PublicFind{
    @Override
    public void find() {
        // TODO Auto-generated method stub
        Log.i("remote", "调用了远程服务");
    }
}
    @Override
    public IBinder onBind(Intent intent) {
        // TODO Auto-generated method stub
        Log.i("remote", "绑定了远程服务");
return binder;
}
    @Override
    public void onCreate() {
        // TODO Auto-generated method stub
        super.onCreate();
        Log.i("remote", "启动了远程服务");
    }
    @Override
    public boolean onUnbind(Intent intent) {
        // TODO Auto-generated method stub
        Log.i("remote", "解除了绑定");
        return super.onUnbind(intent);
    }
@Override
    public void onDestroy() {
        // TODO Auto-generated method stub
        Log.i("remote", "关闭了远程服务");
        super.onDestroy();
    }
}
```

在清单文件中注册该 service 并且指定它的 action，代码如下：

```xml
<service android:name="com.iboss.remoteService.MyRemoteService">
<intent-filter >
<action android:name="com.iboss.remoteService"/>
</intent-filter>
</service>
```

PublicFind.java 的代码如下：

```java
public interface PublicFind {
void find();
}
```

在 MyRemoteService 中一个"代理"类 MyBinder 继承 Binder 实现了 PublicFind 接口。
在此，远程服务端已经开发完毕，我们能否从别的进程中开启此服务呢？现在开始写
客服端，新建一个项目，项目名为"开启服务"。

它的 MainActivity 的布局文件有 5 个按钮，依次为开启服务、关闭服务、绑定服务、
解除绑定和远程调用。代码如下：

```xml
<LinearLayout xmlns:android="http://schemas.android.com/apk/res/android"
    android:layout_width="fill_parent"
    android:layout_height="fill_parent"
    android:orientation="vertical">
    <Button
        android:id="@+id/btOpen"
        android:layout_width="wrap_content"
        android:layout_height="wrap_content"
        android:onClick="open"
        android:text="开启服务" />
    <Button
        android:id="@+id/btClose"
        android:layout_width="wrap_content"
        android:layout_height="wrap_content"
        android:onClick="open"
        android:text="关闭服务" />
    <Button
        android:id="@+id/btBind"
        android:layout_width="wrap_content"
        android:layout_height="wrap_content"
        android:onClick="open"
        android:text="绑定服务" />
    <Button
        android:id="@+id/btUnbind"
        android:layout_width="wrap_content"
        android:layout_height="wrap_content"
        android:onClick="open"
        android:text="解除绑定" />
    <Button
        android:id="@+id/btRemote"
```

```
            android:layout_width="wrap_content"
            android:layout_height="wrap_content"
            android:onClick="open"
            android:text="远程调用" />
    </LinearLayout>
```

在 MainActivity 中，当点击开启服务和关闭服务时代码如下。其他几个按钮的点击事件暂不处理，先观察是否能远程打开另外一个程序的服务，代码如下：

```
public class MainActivity extends Activity {
    @Override
    protected void onCreate(Bundle savedInstanceState) {
        super.onCreate(savedInstanceState);
        setContentView(R.layout.activity_main);
        //使用隐式启动服务,传入 action
        service=new Intent("com.iboss.remoteService");
    }
    Intent service=null;
    public void open(View view) {
        switch (view.getId()) {
        case R.id.btOpen://启动远程服务
            startService(service);
            break;
        case R.id.btClose://关闭远程服务
            stopService(service);
            break;
        case R.id.btBind:
            break;
        case R.id.btUnbind:
            break;
        case R.id.btRemote:
            break;
        default:
            break;
        }
    }
}
```

在上面代码中 使用隐式启动服务(加粗部分所示)。先运行远程服务端，运行后再启动客户端。客服端运行结果如图 6.10 所示，依次点击"开启服务"和"关闭服务"。

图 6.10

点击按钮，LogCat 的运行结果如图 6.11 所示。

Level	Time	PID	TID	Application	Tag	Text
I	03-09 10:13:21.461	1924	1924	com.iboss.remoteService	remote	启动了 远程服务
I	03-09 10:13:24.461	1924	1924	com.iboss.remoteService	remote	关闭了 远程服务

Search for messages. Accepts Java regexes. Prefix with pid:, app:, tag: or text: to limit scope.

图 6.11

通过 LogCat 的输出，我们可以看到在客户端开启了服务端的服务。由此可以看出，通过隐式启动服务，是能够跨进程开启服务的。可是能否跨进程调用服务中的方法呢？在前面的章节中，我们通过 BindService()方法绑定服务，然后调用服务中的服务，通过 BindService 方法绑定服务，需要用到 ServiceConnection 实现类。访问者与服务获取连接时，使用此实现类作为桥梁获得 Service 中的"代理"对象。在案例中服务端与客户端(访问者)不在同一个进程中，无法直接获取"代理"对象，即无法在 ServiceConnection 的 onServiceDisconnected 方法中得到"代理"对象。如何解决这个问题呢？这就是我们马上需要学习的 AIDL。

AIDL：Android Interface Definition Language (安卓接口定义语言)。

作用：跨进程通信。

应用场景：远程服务中的"代理"对象，其他应用是拿不到的，那么在通过绑定服务获取"代理"对象时，就无法强制转换。使用 AIDL，就可以在其他应用中拿到"代理"类所实现的接口。

使用 AIDL 的步骤如下：

(1) 把远程服务需要用到的远程方法抽成一个单独的接口 java 文件。

(2) 把接口 java 文件的后缀名改成 aidl。

(3) 在 gen 文件的下一个自动生成的文件里，有一个静态抽象类 Stub，它已经继承了

Binder 和实现"代理"接口，这个类就是新的"代理"类，继承这个"代理"类即可。

(4) 把 aidl 文件复制、粘贴到新的项目里面，aidl 文件所在的包名必须跟远程服务 AIDL 的包名完全一致，在新的项目中也会自动生成 Stub 静态类。

(5) 在客户端的 ServiceConnection 实现类中，直接使用 Stub.asInterface(service)得到"代理"对象，通过"代理"对象调用远程服务中的方法。

根据这 5 步来修改上一案例如下：

修改 PublicFind.java 类，改变后缀名为 aidl，注意去掉接口的 public 修饰符，修改完成后，在 gen 文件夹下会自动生成一个 PublicFind.java 类，如图 6.12 所示。

图 6.12

改变 PublicFind 的后缀名后，MyRemoteService 将会报错，我们做一下修改，如图 6.13 所示。

```
private MyBinder binder=new MyBinder();
public class MyBinder extends Binder implements PublicFind{
    @Override
    public void find() {
        // TODO Auto-generated method stub
        Log.i("remoteService", "调用了远程服务");
    }
}
```

```
private MyBinder binder=new MyBinder();
public class MyBinder extends Stub{
    @Override
    public void find() {
        // TODO Auto-generated method stub
        Log.i("remoteService", "调用了远程服务");
    }
}
```

图 6.13

此时，"代理"对象不再继承 Binder 实现 PublicFind 接口，而是继承一个陌生的 Stub 类，那么 Stub 类是哪里产生的类？读者们可能已经猜到了，是在自动生成的 PublicFind.java

中产生的，如图 6.14 所示。

```
/** Local-side IPC implementation stub class. */
public static abstract class Stub extends android.os.Binder implements com.iboss.remoteService.PublicFind
{
private static final java.lang.String DESCRIPTOR = "com.iboss.remoteService.PublicFind";
/** Construct the stub at attach it to the interface. */
public Stub()
{
this.attachInterface(this, DESCRIPTOR);
}
```

图 6.14

在自动生成的 PublicFind.java 中自动生成了一个 Stub 的抽象类，该抽象类继承了 Binder 类，并且实现了 PublicFind 接口，我们就用它作为"代理"类的父类。

根据我们前面所写的步骤，我们复制 publicFind.aidl 文件到客户端，注意包名的一致性，在客户端 gen 文件夹下也生成了一个 PublicFind.java 文件，如图 6.15 所示。

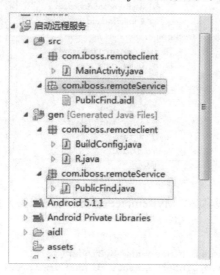

图 6.15

从图 6.15 中我们可以看到，gen 文件下也自动生成了一个包以及 PublicFind.java。自动生成的 public.java 与服务端生成的 public.java 在 Android 手机中是同一个类，所以才可以找到"代理"方法，实现远程调用。客户端 MainActivity.java 的代码如下：

```
public class MainActivity extends Activity {
    private PublicFind pf;//--------①
    @Override
    protected void onCreate(Bundle savedInstanceState) {
        super.onCreate(savedInstanceState);
        setContentView(R.layout.activity_main);
        //使用隐式启动服务,传入 action
        service=new Intent("com.iboss.remoteService");
    }
ServiceConnection conn=new ServiceConnection() {
```

```
        @Override
        public void onServiceDisconnected(ComponentName name) {
            // TODO Auto-generated method stub

        }
        @Override
        public void onServiceConnected(ComponentName name, IBinder service) {
            // TODO Auto-generated method stub
            //得到"代理"对象
            pf=Stub.asInterface(service);//------②

        }
    };
    Intent service=null;
    public void open(View view) {
        switch (view.getId()) {
        case R.id.btOpen://启动远程服务
            startService(service);
            break;
        case R.id.btClose://关闭远程服务
            stopService(service);
            break;
        case R.id.btBind:

            bindService(service, conn, Service.BIND_AUTO_CREATE);
            break;
        case R.id.btUnbind:
            unbindService(conn);
            break;

        case R.id.btRemote:
            try {
                //远程调用
                pf.find();
            } catch (RemoteException e) {
                // TODO Auto-generated catch block
                e.printStackTrace();
            }
            break;
        default:
            break;
```

```
        }
    }
}
```

在①代码行中定义了一个 PublicFind 对象，在②代码行中使用 pf=Stub.asInterface (service)得到从远程服务传递来的 PublicFind 对象，从而当点击远程调用按钮时，能调用该对象中的方法。运行结果如图 6.16 所示。

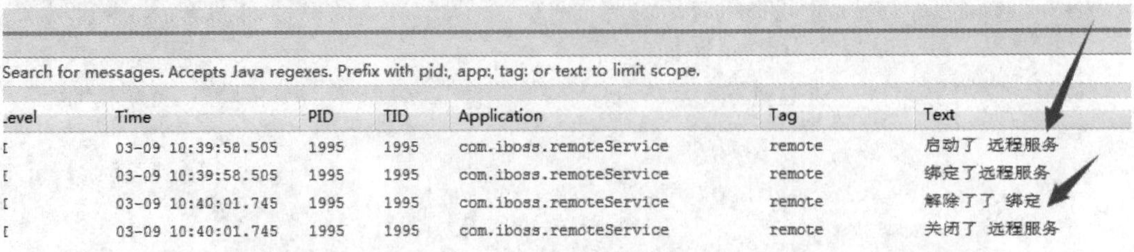

.evel	Time	PID	TID	Application	Tag	Text
I	03-09 10:39:58.505	1995	1995	com.iboss.remoteService	remote	启动了 远程服务
I	03-09 10:39:58.505	1995	1995	com.iboss.remoteService	remote	绑定了远程服务
I	03-09 10:40:01.745	1995	1995	com.iboss.remoteService	remote	解除了了 绑定
I	03-09 10:40:01.745	1995	1995	com.iboss.remoteService	remote	关闭了 远程服务

图 6.16

依次点击"远程绑定""解除绑定"按钮，LogCat 出现以上信息，通过 aidl 实现了远程绑定和解除绑定。再次点击"远程调用"按钮，运行结果如图 6.17 所示。

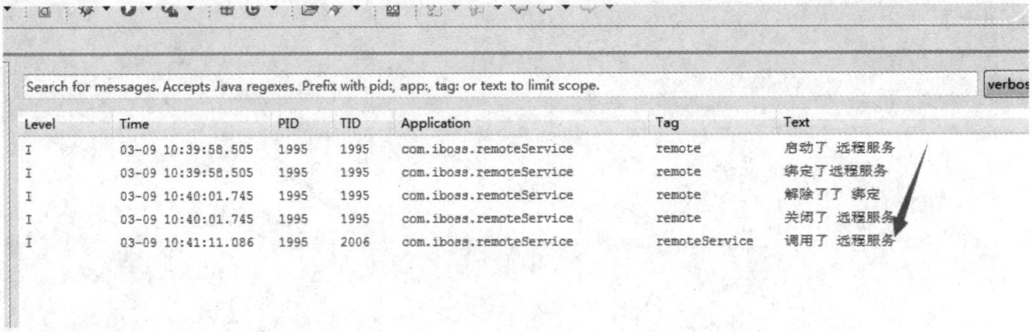

Level	Time	PID	TID	Application	Tag	Text
I	03-09 10:39:58.505	1995	1995	com.iboss.remoteService	remote	启动了 远程服务
I	03-09 10:39:58.505	1995	1995	com.iboss.remoteService	remote	绑定了远程服务
I	03-09 10:40:01.745	1995	1995	com.iboss.remoteService	remote	解除了了 绑定
I	03-09 10:40:01.745	1995	1995	com.iboss.remoteService	remote	关闭了 远程服务
I	03-09 10:41:11.086	1995	2006	com.iboss.remoteService	remoteService	调用了 远程服务

图 6.17

由图 6.17 可见，当点击"远程调用"按钮时，Logcat 输出"调用了远程服务"，即访问了远程服务中的数据，实现了远程调用。

第 7 章 BroadcastReceiver

BroadcastReceiver 组件是 Android 系统的四大组件之一。这种组件是一种全局的监听器，用于监听系统全局的广播信息。基于这个特点，BroadcastReceiver 可以非常方便地实现系统中不同组件之间的通信。如果希望客户端程序与 startService()方法启动的 Service 之间通信，就可以通过 BroadcastReceiver 来实现。

7.1 创建广播

BroadcastReceiver 接收程序所发出的 Broadcast Intent，与应用程序启动 Activity、Service 的方法基本相同。程序启动 BroadcastReceiver 只需要两步：

(1) 创建需要启动 BroadcastReceiver 的 Intent；

(2) 调用 Context 的 sendBroadcast()或 sendOrderedBroadcast()方法来启动指定的 BroadcastReceiver。

当应用程序发出一个 BroadcastReceiver 之后，所有匹配该 Intent 的 BroadcastReceiver 都有可能被启动。

与 Activity、Service 具有完整的生命周期不同，BroadcastReceiver 只是一个系统级的监听器，它专门负责监听各程序所发出的 Broadcast。

由于 BroadcastReceiver 是一个监听器，因此实现 BroadcastReceiver 的方法十分简单，只要重写 BroadcastReceiver 的 onReceive(Context context,Intent intent)方法即可。

一旦实现了 BroadcastReceiver，就应该指定该 BroadcastReceiver 能匹配的 Intent，此时有两种方式：

(1) 使用代码进行指定。调用 BroadcastReceiver 的 Context 的 registerReceiver (BroadcastReceiver receiver,IntentFilter filter)方法进行指定，代码如下：

```
IntentFilter filter=new IntentFilter("com.iboss.receiver");
MyBroadcastReceiver receiver=new MyBroadcastReceiver();
```

(2) 在 AndroidMainfest.xml 文件中配置，代码如下：

```
<receiverandroid:name="com.iboss.broadcast.MainActivity.MyBroadcastReceiver">
<intent-filter >
<action android:name="com.iboss.receiver"/>
```

```
</intent-filter>
</receiver>
```

如果 BroadcastReceiver 的 onReceiver()方法不能在 10 s 内执行完成，Android 系统会认为该程序无响应。所以不要在 BroadcastReceiver 的 onReceiver()方法里执行一些耗时操作，否则会弹出 ANR。

如果确实需要根据 Broadcast 来完成一项比较耗时的操作，可以考虑通过 Intent 启动一个 Service 来完成该操作，不应考虑使用新线程去完成耗时操作，因为广播接收者本身的生命周期很短，可能出现的情况是子线程还没有结束，BroadcastReceiver 就已经退出了。

如果 BroadcastReceiver 所在的进程结束了，虽然该进程内还有用户启动的新线程，但由于该进程不包含任何活动组件，因此系统可能在内存紧张时优先结束该进程，这样就可能导致 BroadcastReceiver 启动的子线程不能执行完成。

7.2　普 通 广 播

在程序中发送广播十分简单，只要调用 Context 的 sendBroadcast(Intent intent)方法即可，这条广播将会启动 Intent 参数所对应的 BroadcastReceiver。

下面的程序示范了如何发送 Broadcast 和使用 BroadcastReceiver 接收广播。该程序的 Activity 界面包含了一个按钮，当用户单击该按钮时程序会向外发送一条广播。该程序的代码如下：

```
public class MainActivity extends Activity {
    @Override
    protected void onCreate(Bundle savedInstanceState) {
        super.onCreate(savedInstanceState);
        setContentView(R.layout.activity_main);
    }
    public void open(View view){

        switch (view.getId()) {
        case R.id.btOpen:
            //创建 intent 对象
            Intent intent=new Intent("com.iboss.receiver");
            //设置消息
            intent.putExtra("msg", "来自 MainActivity 的问候");
            //发送广播
            sendBroadcast(intent);
            break;
        default:
            break;
```

```
            }
        }
    }
```

上面程序中的粗体字代码用于创建一个 Intent 对象，并使用该 Intent 对象对外发送一条广播。该程序所使用的 BroadcastReceiver 代码如下：

```java
public class MyBroadcastReceiver extends BroadcastReceiver {
    @Override
    public void onReceive(Context context, Intent intent) {
        //得到广播携带的数据
        String content=intent.getStringExtra("msg");
        Log.i("broadcast", "---------接收广播消息为: "+content);
    }
}
```

上面的程序中，当符合该 MyBroadcastReceiver 的广播出现时，该 MyBroadcastReceiver 的 onReceive()方法将会触发，从而在该方法中显示广播所携带的信息。

上面发送广播的程序中在指定发送广播时所用的 Intent 的 Action 为"com.iboss.receiver"，需要广播接收者监听 Action，在清单文件中增加的代码如下：

```xml
<receiver android:name="com.iboss.broadcast.MyBroadcastReceiver">
    <intent-filter >
        <action android:name="com.iboss.receiver"/>
    </intent-filter>
</receiver>
```

运行该程序，点击程序中的"发送广播"按钮，运行结果如图 7.1 所示。

Level	Time	PID	TID	Application	Tag	Text
D	03-09 23:30:16.417	1880	1880	com.iboss.broadcast	gralloc_gold...	Emulator without GPU emulation detected.
I	03-09 23:30:18.037	1880	1880	com.iboss.broadcast	broacast	---------接受广播消息为: 来自MainActivity的问候

图 7.1

从图 7.1 中可以看出，广播接收者接收到了 MainActivity 发送的广播，同时收到了它携带的数据。

7.3　有序广播

Broadcast 被分为以下两种：

(1) Normal Broadcast(普通广播)。Normal Broadcast 是完全异步的，可以在同一时刻被所有接收者接收到，消息传递的效率比较高，缺点是接收者不能将处理结果传递给下一个接收者，并且无法终止 Broadcast 的传播。

(2) Ordered Broadcast(有序广播)。Ordered Broadcast 的接收者将按预先声明的优先级依次接收 Broadcast。例如，A 的级别高于 B，B 的级别高于 C，那么 Broadcast 就先传给 A，再传给 B，最后传给 C。优先级别声明在<intent-filter..>元素的 android:priority 属性中，数值越大，优先级别越高，取值范围为−1000～1000。级别也可以通过 IntentFilter 对象的 setPriority 方法来进行设置。Ordered Broadcast 接收者可以终止 Broadcast 的传播，Broadcast 的传播一旦终止，后面的接收者就无法接收到 Broadcast。另外，Ordered Broadcast 的接收者可以将数据传递给下一个接收者。例如，A 得到 Broadcast 后，可以往它的结果对象中存入数据，当 Broadcast 传给 B 时，B 可以从 A 的结果对象中得到 A 存入的数据。

Context 提供了两个用于发送广播的方法：

(1) sendBroadcast()：发送普通广播。

(2) sendOrderedBroadcast：发送有序广播。

对于 Ordered Broadcast 而言，系统会根据接收者声明的优先级别按顺序执行，优先接收到 Broadcast 的接收者可以终止 Broadcast，调用 BroadcastReceiver 的 abortBroadcast()方法就可以终止 Broadcast。如果 Broadcast 被前面的接收者终止了，那么后面的接收者就再无法获得 Broadcast。不仅如此，对于 Ordered Broadcast 而言，优先接收到 Broadcast 的接收者可以通过 setResultExtras(Bundle)方法将处理结果存入 Broadcast 中，然后传给下一个接收者。下一个接收者通过代码 Bundler bundle=getResultExtras(true)可获取上一个接收者存入的数据。

下面用"师父传功"的场景来模拟接收者接收一个发送广播的案例。师父对 3 个徒弟一视同仁，教授徒弟武功，可以模拟成发送普通广播。当发送普通广播时，每个徒弟学习相同的内容(同时接收广播)。如果师父不是相同对待呢？师父只传授给大师兄，然后大师兄传授给二师兄，二师兄再传授给三师兄，这样就需要优先级，大师兄的优先级高，先获得师父传授，然后由大师兄传授给二师兄，最后由二师兄传授给三师兄，这样又存在一个能力问题，师兄们的能力有限，不能完全接收上一级教授的知识，那么他相应地传给下一级的功夫肯定打折扣。这就模拟了有序广播。

该程序的 Activity 界面上只有两个普通按钮，一个发送普通广播，另一个发送有序广播，项目结构如图 7.2 所示。

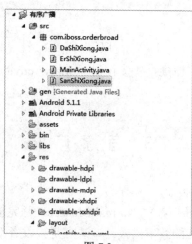

图 7.2

在清单文件中注册三个广播接收者。它们的 action 都是相同的，这样就确保发送广播都能接收到，优先级别分别为 1000、600、400，代码如下：

```
<receiver android:name="com.iboss.orderbroad.DaShiXiong">
<intent-filter android:priority="1000">
<action android:name="com.iboss.order"/>
</intent-filter>
</receiver>
<receiver android:name="com.iboss.orderbroad.ErShiXiong">
<intent-filter android:priority="600">
<action android:name="com.iboss.order"/>
</intent-filter>
</receiver>
<receiver android:name="com.iboss.orderbroad.SanShiXiong">
<intent-filter android:priority="400">
<action android:name="com.iboss.order"/>
</intent-filter>
</receiver>
```

布局文件设置了 2 个按钮，并且同时绑定了点击事件，代码如下：

```
<LinearLayout xmlns:android="http://schemas.android.com/apk/res/android"
    android:layout_width="fill_parent"
    android:layout_height="fill_parent"
    android:orientation="vertical">
    <Button
        android:id="@+id/btNormal"
        android:onClick="open"
        android:layout_width="wrap_content"
        android:layout_height="wrap_content"
        android:text="发送普通广播" />
    <Button
        android:id="@+id/btOrder"
        android:onClick="open"
        android:layout_width="wrap_content"
        android:layout_height="wrap_content"
        android:text="发送无序广播" />
</LinearLayout>
```

在这三个广播接收者中，都接收了传递来的数据，并做相应的修改。

大师兄的代码如下：

```
public class DaShiXiong    extends BroadcastReceiver{
    @Override
```

```
        public void onReceive(Context context, Intent intent) {
            // TODO Auto-generated method stub
            String flag=getResultData();
            Log.i("order", "大师兄为学到了"+flag+"%功力");
            setResultData("80");
        }
    }
```

二师兄的代码如下：

```
    public class ErShiXiong    extends BroadcastReceiver{
        @Override
        public void onReceive(Context context, Intent intent) {
            // TODO Auto-generated method stub
            String flag=getResultData();
            Log.i("order", "二师兄学到了"+flag+"%功力");
            setResultData("60");
        }
    }
```

三师兄的代码如下：

```
    public class SanShiXiong    extends BroadcastReceiver{
        @Override
        public void onReceive(Context context, Intent intent) {
            // TODO Auto-generated method stub
            String flag=getResultData();
            Log.i("order", "三师兄学到了"+flag+"%功力");
        }
    }
```

在 MainActivity 中处理普通广播事件时的代码如下：

```
    public void open(View view){
        switch (view.getId()) {
        case R.id.btNormal: //发送普通广播
            intent=new Intent("com.iboss.order");
            Bundle bundle=new Bundle();
            bundle.putInt("flag", 100);
            intent.putExtras(bundle);
            sendBroadcast(intent);
            break;
        case R.id.btOrder: //发送有序广播
            intent=new Intent("com.iboss.order");
            Bundle bundle1=new Bundle();
```

```
                bundle1.putInt("flag", 100);
                intent.putExtras(bundle1);
                sendOrderedBroadcast(intent, null, null, null, 0, 100+"", null);
                break;
            default:
                break;
            }
        }
```

点击"发送有序广播"按钮 Logcat 的运行结果，如图 7.3 所示。

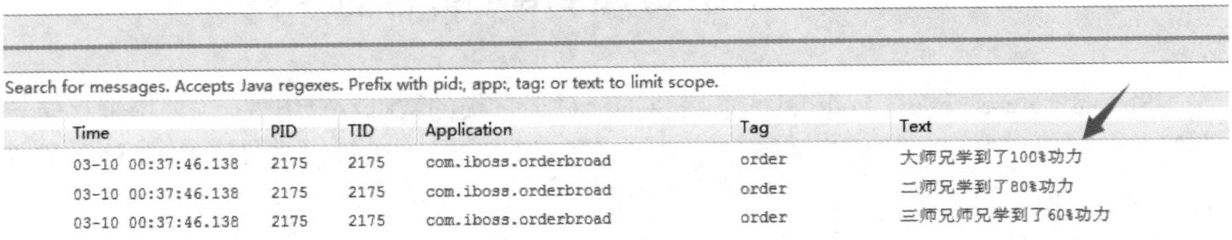

Search for messages. Accepts Java regexes. Prefix with pid:, app:, tag: or text: to limit scope.

Time	PID	TID	Application	Tag	Text
03-10 00:37:46.138	2175	2175	com.iboss.orderbroad	order	大师兄学到了100%功力
03-10 00:37:46.138	2175	2175	com.iboss.orderbroad	order	二师兄学到了80%功力
03-10 00:37:46.138	2175	2175	com.iboss.orderbroad	order	三师兄师兄学到了60%功力

图 7.3

从 Logcat 的输出中可以看出，在广播中级别最高的大师兄传授给二师兄的功力减少了 20%，二师兄传授给三师兄的功力也减少了。这证明在发送的过程中，传递的数据被修改了，而在普通广播中没有被修改。

第8章　数据存储

8.1　SharedPreferences 存储

　　SharedPreferences 是 Android 系统提供的一种轻量级的数据存储方式，主要用来存储一些简单的配置信息，如默认欢迎语、登录用户名和密码等。其以键值对的方式存储，使我们能很方便地进行数据读取和存入。

　　SharedPreferences 文件保存在/data/data/<package name>/shared_prefs 路径下(如/data/data/com.android.alarmclock/shared_prefs/com.android.text_preferences.xml)，通过 cat 命令可以查看文件，运行结果如图 8.1 所示。

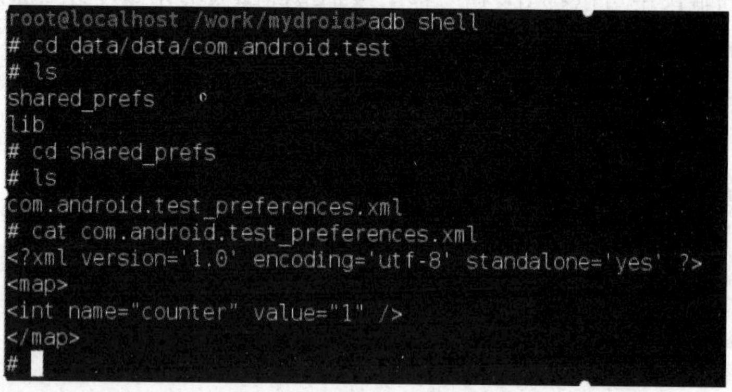

```
root@localhost /work/mydroid>adb shell
# cd data/data/com.android.test
# ls
shared_prefs
lib
# cd shared_prefs
# ls
com.android.test_preferences.xml
# cat com.android.test_preferences.xml
<?xml version='1.0' encoding='utf-8' standalone='yes' ?>
<map>
<int name="counter" value="1" />
</map>
#
```

图 8.1

　　通过 Activity 自带的 getSharedPreferences 方法，可以得到 SharedPreferences 对象。
public abstract SharedPreferences getSharedPreferences (String name, int mode);
其中：name 表示保存后 xml 文件的名称；mode 表示 xml 文档的操作权限模式(私有、可读、可写)，使用 0 或者 MODE_PRIVATE 作为默认的操作权限模式。

8.1.1　数据读取

　　通过 SharedPreferences 对象的键 key 可以获取到对应 key 的键值，对于不同类型的键值，有不同的函数：

```
getBoolean,getInt,getFloat,getLong.
    public abstract String getString (String key, String defValue);
```

8.1.2　数据存入

数据的存入是通过 SharedPreferences 对象的编辑器对象 Editor 来实现的。通过编辑器
函数设置键值，然后调用 commit()提交设置，写入 xml 文件。

```
public abstract SharedPreferences.Editor edit ();

public abstract SharedPreferences.Editor putString (String key, String value);

public abstract boolean commit ();
```

下面的实例显示一个 TextView，显示用户使用该应用的次数，运行结果如图 8.2 所示。

图 8.2

代码如下：

```
main.xml:
<?xml version="1.0" encoding="utf-8"?>
<LinearLayout xmlns:android="http://schemas.android.com/apk/res/android"
    android:orientation="vertical"
    android:layout_width="fill_parent"
    android:layout_height="fill_parent">
    <TextView
    android:id="@+id/textview"
    android:layout_width="fill_parent"
    android:layout_height="wrap_content"
    android:text="@string/hello"/>

    </LinearLayout>


TestSharedPreferences.java:


package com.android.test;
```

```java
import android.app.Activity;
import android.content.SharedPreferences;
import android.os.Bundle;
import android.preference.PreferenceManager;
import android.widget.TextView;
public class TestSharedPreferences extends Activity {
    @Override
    public void onCreate(Bundle savedInstanceState) {
        super.onCreate(savedInstanceState);
        setContentView(R.layout.main);
        SharedPreferences        mSharedPreferences        =        getSharedPreferences
("TestSharedPreferences", 0);
//    SharedPreferences mSharedPreferences = PreferenceManager.getDefaultSharedPreferences(this);

        int counter = mSharedPreferences.getInt("counter", 0);

        TextView mTextView = (TextView)findViewById(R.id.textview);
        mTextView.setText("This app has been started " + counter + " times.");

        SharedPreferences.Editor mEditor = mSharedPreferences.edit();
        mEditor.putInt("counter", ++counter);
        mEditor.commit();
    }
}
```

SharedPreferences 的获取有两种方法：

一种是上面提到的通过 Activity 自带(本质来讲是 Context 的)的 getSharedPreferences 方法，可以得到 SharedPreferences 对象。这种方法的优点是可以指定保存的 xml 文件名。

另一种是通过 PreferenceManager.getSharedPreferences(Context)获取 SharedPreferences 对象。这种方法不能指定保存的 xml 文件名，文件名使用默认的<package name>+ "_preferences.xml"形式，不过当在一个包里面采用这种方式保存多个这样的 xml 文件时，可能会引起混乱。

建议采用第一种指定 xml 文件名的形式。

8.2　使用 ContentProvider

ContentProvider(内容提供者)是 Android 系统中的四大组件之一，主要用于对外共享数据，也就是通过 ContentProvider 把应用中的数据共享给其他应用访问，其他应用可以通过 ContentProvider 对指定应用中的数据进行操作。ContentProvider 分为系统的和自定义的，系统的是指联系人、图片等数据。

8.2.1 ContentProvider

Android 系统提供了一些主要数据类型的 ContentProvider，比如音频、视频、图片和私人通讯录等，可在 android.provider 包下面找到一些 Android 系统提供的 ContentProvider。通过获得这些 ContentProvider 可以查询它们包含的数据，前提是已获得适当的读取权限。

Android 系统提供了一些主要数据类型的 ContentProvider，如音频、视频、图片和私人通讯录等。可在 android.provider 包下面找到一些 Android 系统提供的 ContentProvider，通过这些 ContentProvider 可以查询它们包含的数据，前提是已获得适当的读取权限。

主要方法如下：

public boolean onCreate()：在创建 ContentProvider 时调用。

public Cursor query(Uri, String[], String, String[], String)：用于查询指定 Uri 的 ContentProvider，返回一个 Cursor。

public Uri insert(Uri, ContentValues)：用于添加数据到指定 Uri 的 ContentProvider 中。

public int update(Uri, ContentValues, String, String[])：用于更新指定 Uri 的 ContentProvider 中的数据。

public int delete(Uri, String, String[])：用于从指定 Uri 的 ContentProvider 中删除数据。

public String getType(Uri)：用于返回指定的 Uri 中的数据的 MIME 类型。

8.2.2 ContentResolver

当外部应用需要对 ContentProvider 中的数据进行添加、删除、修改和查询操作时，可以使用 ContentResolver 类来完成。要获取 ContentResolver 对象，可以使用 Context 提供的 getContentResolver()方法。

ContentResolver 和 ContentProvider 提供的方法有以下几个：

public Uri insert(Uri uri, ContentValues values)：用于添加数据到指定 Uri 的 ContentProvider 中。

public int delete(Uri uri, String selection, String[] selectionArgs)：用于从指定 Uri 的 ContentProvider 中删除数据。

public int update(Uri uri, ContentValues values, String selection, String[] selectionArgs)：用于更新指定 Uri 的 ContentProvider 中的数据。

public Cursor query(Uri uri, String[] projection, String selection, String[] selectionArgs, String sortOrder)：用于查询指定 Uri 的 ContentProvider。

8.2.3 Uri

Uri 指定了将要操作的 ContentProvider，其实可以把一个 Uri 看作一个网址，我们把 Uri 分为三部分，如图 8.3 所示。

第一部分是 "content://"，可以将其看作网址中的 "http://"。

content://contacts/people

http://blog.csdn.net/zuolongsnail

图 8.3

第二部分是主机名或 authority，用于唯一标识 ContentProvider，外部应用需要根据这个标识来找到它，可以看作网址中的主机名，比如"blog.csdn.net"。

第三部分是路径名，用来表示将要操作的数据，可以看作网址中细分的内容路径。

8.2.4　模拟微信通讯录

在 Android Studio 中创建 Module，名称为"wechat phone book"，具体步骤如下：

(1) 修改布局文件 activity_main.xml，首先将默认添加的布局管理器修改为相对布局管理器，然后为默认添加的布局管理器设置背景图和 textview 属性，代码如下：

```xml
<?xml version="1.0" encoding="utf-8"?>
<RelativeLayout    xmlns:android="http://schemas.android.com/apk/res/android"
    xmlns:tools="http://schemas.android.com/tools"
    android:layout_width="match_parent"
    android:layout_height="match_parent"
    android:background="@drawable/bg"
    tools:context=".MainActivity">
    <TextView
        android:id="@+id/result"
        android:layout_width="wrap_content"
        android:layout_height="wrap_content"
        android:textSize="25sp"
        android:lineSpacingExtra="28dp"
        android:paddingLeft="70dp"
        android:paddingTop="105dp"/>
</RelativeLayout>
```

(2) 打开主活动 MainActivity，修改代码如下：

```java
package com.example.wechatphonebook;
import android.app.Activity;
import android.content.ContentResolver;
import android.database.Cursor;
import android.os.Bundle;
import android.provider.ContactsContract;
import android.widget.TextView;
public class MainActivity extends Activity {
    private String columns = ContactsContract.Contacts.DISPLAY_NAME; //希望获得姓名
    @Override
    protected void onCreate(Bundle savedInstanceState) {
        super.onCreate(savedInstanceState);
        setContentView(R.layout.activity_main);
```

```
        TextView tv = (TextView) findViewById(R.id.result); //获得布局文件中的 TextView 组件
        tv.setText(getQueryData()); //为 TextView 设置数据
    }
    //创建 getQueryData()方法，实现获取通讯录信息
    private CharSequence getQueryData() {
        StringBuilder sb = new StringBuilder(); //用于保存字符串
        ContentResolver resolver = getContentResolver(); //获得 ContentResolver 对象
        //查询记录
        Cursor cursor = resolver.query(ContactsContract.Contacts.CONTENT_URI, null, null, null,
null);
        int displayNameIndex = cursor.getColumnIndex(columns); //获得姓名记录的索引值
        //迭代全部记录
        for (cursor.moveToFirst(); !cursor.isAfterLast(); cursor.moveToNext()) {
            String displayName = cursor.getString(displayNameIndex);
            sb.append(displayName + "\n");
        }
        cursor.close(); //关闭 Cursor
        return sb.toString(); //返回查询结果
    }}
```

(3) 在 AndroidManifest.xml 文件中增加读取联系人记录的权限，代码如下：

```
<uses- permission android:name="android.permission.READ_CONTACTS"/>
```

(4) 在工具栏中找到 ⟍ ▲ app ▾ 下拉列表框，选择要运行的应用(这里为 wechat login)，再单击右侧的 ▶ 按钮，运行结果如图 8.4 所示。

图 8.4

第9章　网络编程

9.1　WebView 详解

现在很多的 App 里都内置了 Web 网页，比如电商平台淘宝、京东、聚划算等，如图 9.1 所示。

图 9.1

App 里内置 Web 网页是用 Android 里的 WebView 组件实现的。

9.1.1　WebView 简介

WebView 是一个基于 WebKit 引擎、展现 Web 页面的控件。WebView 控件功能强大，除了具有一般 View 的属性和设置外，还可以对 url 请求、页面加载、渲染、页面交互进行强大的处理。

9.1.2 WebView 使用方法

一般来说 WebView 组件可单独使用，也可联合其子类一起使用。方法如下：

步骤 1：添加访问网络权限，AndroidManifest.xml 代码如下：

```
<uses-permission android:name="android.permission.INTERNET"/>
```

步骤 2：主布局 activity_main.xml 代码如下：

```xml
<?xml version="1.0" encoding="utf-8"?>
<RelativeLayout xmlns:android="http://schemas.android.com/apk/res/android"
    xmlns:tools="http://schemas.android.com/tools"
    android:layout_width="match_parent"
    android:layout_height="match_parent"
>

    <!--显示网页区域-->
    <WebView
        android:id="@+id/webView1"
        android:layout_below="@+id/text_endLoading"
        android:layout_width="fill_parent"
        android:layout_height="fill_parent"
        android:layout_marginTop="10dp" />
</RelativeLayout>
```

步骤 3：根据需要实现的功能使用相应的子类及其方法，MainActivity.java 代码如下：

```java
public class MainActivity extends AppCompatActivity {
    WebView mWebview;
    WebSettings mWebSettings;
    TextView beginLoading,endLoading,loading,mtitle;

    @Override
    protected void onCreate(Bundle savedInstanceState) {
        super.onCreate(savedInstanceState);
        setContentView(R.layout.activity_main);

        mWebview = (WebView) findViewById(R.id.webView1);
        mWebview.loadUrl("http://www.baidu.com/");

    }

}
```

9.2　HttpURLConnection

Android 系统可以用 HttpURLConnection 接口来开发网络程序。Http 协议的工作原理就是客户端向服务器发出一条 Http 请求，服务器收到此请求后会返回一些数据给客户端，然后客户端再对这些数据进行解析和处理。

网络通信使用最多的方法是 GET 和 POST。GET 和 POST 的不同之处在于 GET 的参数放在 URL 字符中；而 POST 的参数放在 Http 请求数据中，通过输出流的方式发送给服务器。

主要步骤如下：

(1) 创建一个 URL 对象。

```
URL url = new URL("http:// XXXX ");
```

用户登录存在用户名和密码的参数，如果是 GET 方式，那么需要将参数加载到 URL 后面；如果是 POST 的方式，需要将参数通过输出流的方式发送给服务器。

GET 方式代码如下：

```
String data = "username=" + userName + "&password=" + password;
    URL url = new URL("http://XXXX?" + data);
```

POST 方式代码如下：

```
String data = "username=" + username + "&password=" + password;
// 获得一个输出流，向服务器写数据，默认情况下不允许程序向服务器输出数据
OutputStream os = conn.getOutputStream();
os.write(data.getBytes());
os.flush();
os.close();
```

(2) 通过 url.openConnection() 获得 HttpURLConnection(HttpURLConnection 继承自 URLConnection，都是抽象类，无法直接实例化对象)，代码如下：

```
HttpURLConnection conn = (HttpURLConnection) url.openConnection();
```

(3) 设置 HttpURLConnection 的各项参数，代码如下：

```
    // get或者post必须得全大写
conn.setRequestMethod("GET");
// 连接的超时时间
conn.setConnectTimeout(10000);
// 读数据的超时时间
conn.setReadTimeout(5000);
```

POST 方式需要向服务器发送输出流，所以要添加一个参数设置，代码如下：

```
    // 只有设置为True，才能运行程序进行输出
conn.setDoOutput(true);
```

(4) 获得服务器端的返回码，并判断是否连接成功，代码如下：

```
int responseCode = conn.getResponseCode();
if (responseCode == 200) {
    //连接成功
} else {
    Log.i(tag, "访问失败: " + responseCode);
}
```

(5) 如果连接成功，可获得服务器端的输入流并将输入流转化为字符串，从而判断是否登录成功，代码如下：

```
int responseCode = conn.getResponseCode();
if (responseCode == 200) {
    InputStream is = conn.getInputStream();
    String state = getStringFromInputStream(is);
    return state;
} else {
    Log.i(tag, "网络连接失败");
}
```

(6) 一定要调用 disconnect()方法将这个 Http 关闭掉，代码如下：

```
connection.disconnect();
```

第 10 章　学生通讯录系统

10.1　需求分析

10.1.1　问题定义

使用 SQLite 操作 API 完成对学生通讯录的添加(insert)、删除(delete)、更新(update)、查询(query)，并使用 SimpleAdapter 配置 ListView 显示学生信息。

通讯录的信息显示和应用商城是 ListView 的使用，在此对应用商城的实现不作介绍。

10.1.2　功能描述

对学生通讯录进行添加、删除、修改、查询的操作，并将数据库可视化，如图 10.1 所示。

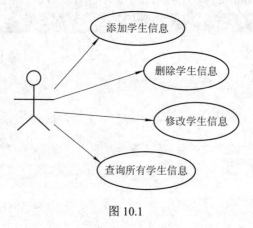

图 10.1

10.1.3　技术要点

(1) 帮助类 SQLiteOpenHelper 及数据库的创建。

添加预定义构造函数，重写 onCreate()方法和 onUpdate()方法。创建和打开数据库，需要新建一个帮助类的实现类。

(2) 使用 SQLite 操作 API。

具体操作包括 insert、delete、update、query。

(3) 数据库的可视化。

通过 Simple Cursor Adapter 适配器实现数据绑定，结合 ListView 列表组件，实现数据库的数据可视化。

10.2　概　要　设　计

系统体系结构图见图 10.2。

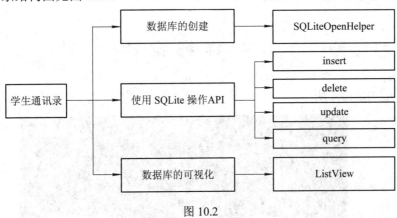

图 10.2

10.3　界　面　设　计

界面效果图如图 10.3 所示。

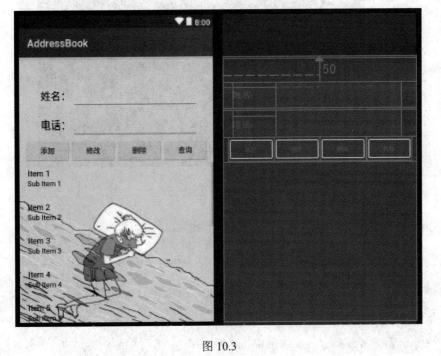

图 10.3

界面设计步骤如下：

(1) 将图片背景资源导入 res\drawable 文件夹下。

(2) 编写项目中的 res\layout\activity_main.xml 文件，主体采用相对布局。

(3) 添加、删除、修改、查询四个按钮用 LinearLayout(horizontal)；EditText 控件用来输入学生姓名和电话；TextView 控件标注姓名和电话；ListView 显示学生信息。

(4) 编写 list_item.xml 文件来设计表的显示界面。

10.4　详　细　设　计

文件结构如图 10.4 所示。

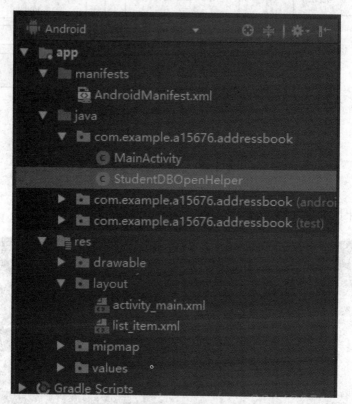

图 10.4

10.4.1　数据库的创建 StudentDBOpenHelper

通过实现 SQLiteOpenHelper 辅助类中的方法来创建 SQLite 数据库文件，代码如下：

```
package com.example.a15676.addressbook;

import android.content.Context;

import android.database.sqlite.SQLiteDatabase;

import android.database.sqlite.SQLiteOpenHelper;
```

```java
import android.content.Context;
import android.os.Build;
import android.database.sqlite.SQLiteDatabase.CursorFactory;

//创建存储学生信息的数据库
public class StudentDBOpenHelper extends SQLiteOpenHelper {

    public static final String DATABASE_NAME= "mydb";//库名
    public static final String TABLE_NAME= "friends";  //表名
    public static final int DATABASE_VERSION=1;
    public static final int FRIENDS= 1;
    public static final int FRIENDS_ID=2;
    // 加下画线表示该字段不由用户输入
    //对应于表 friends 的三个字段，public static final StringID=" id";
    //其他字段
    public static final String ID="_id";
    public static final String NAME= "name";
    public static final String PHONE="phone";

    public StudentDBOpenHelper(Context context, String name, SQLiteDatabase.CursorFactory
factory, int version) {
            super(context, name, factory, version);

    }

    @Override//数据表结构的初始化
    public void onCreate(SQLiteDatabase db) {
        System.out.print("onCreate()被调用");
            db.execSQL("CREATE    TABLE   "+TABLE_NAME+"(_id   integer   primary   key
autoincrement,"+"name varchar(20),phone varchar(20)"+")");
    }

    @Override
    public void onUpgrade(SQLiteDatabase db, int oldVersion, int newVersion) {
        System.out.println("onUpgrade()数据库被升级了");
        db.execSQL("DROP TABLE "+ TABLE_NAME); //先删除
        onCreate(db);   //后创建
    }
}
```

10.4.2　MainActivity

MainActivity 是主界面的源代码，实现代码如下：

```
package com.example.a15676.addressbook;
import android.annotation.SuppressLint;
import android.content.ContentValues;
import android.database.Cursor;
import android.database.sqlite.SQLiteDatabase;
import android.support.v7.app.AppCompatActivity;
import android.os.Bundle;
import android.util.Log;
import android.view.View;
import android.widget.Button;
import android.widget.EditText;
import android.widget.ListView;
import android.widget.Toast;
import java.util.ArrayList;
import java.util.Map;
import java.util.HashMap;
import android.widget.AdapterView;
import android.widget.SimpleAdapter;
import android.widget.AdapterView.OnItemClickListener;
public class MainActivity extends AppCompatActivity {
    private EditText et_name;
    private EditText et_phone;
    private ArrayList<Map<String, Object>> data;
    private SQLiteDatabase db;
    private ListView listview;
    private String selId;
    @Override
    protected void onCreate(Bundle savedInstanceState) {
        super.onCreate(savedInstanceState);
        setContentView(R.layout.activity_main);
        et_name = findViewById(R.id.et_name);
        et_phone = findViewById(R.id.et_phone);
        listview = findViewById(R.id.listView);
        Button addBtn = findViewById(R.id.bt_add);
        Button updBtn = findViewById(R.id.bt_modify);
```

```java
Button delBtn = findViewById(R.id.bt_del);
Button selBtn=findViewById(R.id.bt_sel);
addBtn.setOnClickListener(new Button.OnClickListener() {
    @Override
    public void onClick(View v) {
        dbAdd();
        dbFindAll();
    }
    //StudentDBOpenHelper helper=new StudentDBOpenHelper(this,"Student.db",null,1);
});
updBtn.setOnClickListener(new Button.OnClickListener() {
    @Override
    public void onClick(View v) {
        dbUpdate();
        dbFindAll();
    }
});
delBtn.setOnClickListener(new Button.OnClickListener() {
    @Override
    public void onClick(View v) {
        dbDel();
        dbFindAll();
    }
});
selBtn.setOnClickListener(new Button.OnClickListener() {
    @Override
    public void onClick(View v) {
        dbFindAll();
    }
});
///
StudentDBOpenHelper dbHelper = new StudentDBOpenHelper(this, StudentDBOpenHelper.DATABASE_NAME, null, 1);
db = dbHelper.getWritableDatabase();
data = new ArrayList<>();
dbFindAll();
//listview 的点击事件监听返回点击的是哪行数据
listview.setOnItemClickListener(new OnItemClickListener() {
    @SuppressWarnings("unchecked")
```

```
            @Override
            public void onItemClick(AdapterView<?> parent, View view, int position, long id) {
                Map<String,Object>listItem=(Map<String,Object>) listview.getItemAtPosition
(position);

                et_name.setText((String)listItem.get("name"));
                et_phone.setText((String)listItem.get("phone"));
                selId=(String)listItem.get("_id");
                Toast.makeText(getApplicationContext(),"选择的id是："+selId, Toast.LENGTH_
SHORT).show();
                }
            });
        }
    protected    void dbDel(){
        int i=db.delete("friends","name=?",new String[]{et_name.getText().toString()});
        if(i>0)  Toast.makeText(getApplicationContext()," 数 据 删 除 成 功！ ",Toast.LENGTH_
SHORT).show();
        else    Toast.makeText(getApplicationContext()," 数 据 删 除 失 败！ ",Toast.LENGTH_
SHORT).show();
        }
    //设置 simpleAdapter，在 list_view 中显示表数据
    private void showList(){
        SimpleAdapter  listAdapter = new  SimpleAdapter(this, data, R.layout.list_item, new
String[]{"_id", "name", "phone"}, new int[]{R.id.tv_id, R.id.tv_name, R.id.tv_phone});
        listview.setAdapter(listAdapter);
        }
    protected void dbUpdate(){
        ContentValues values=new ContentValues();
        values.put("phone",et_phone.getText().toString().trim());
        int i=db.update("friends",values,"name=?",new String[]{et_name.getText().toString()});
        Log.e("jjj","修改了好了数据");
        if(i>0) Toast.makeText(getApplicationContext()," 数 据 更 新 成 功！ ",Toast.LENGTH_
SHORT).show();
        else    Toast.makeText(getApplicationContext()," 数 据 更 新 失 败！ ",Toast.LENGTH_
SHORT).show();
        }
    protected void dbAdd(){
        ContentValues values=new ContentValues();
        values.put("name",et_name.getText().toString().trim());
        values.put("phone",et_phone.getText().toString().trim());
```

```
                long ll=db.insert(StudentDBOpenHelper.TABLE_NAME,null,values);
                if(ll==-1) Toast.makeText(getApplicationContext(),"数据插入失败！",Toast.LENGTH_
SHORT).show();
                else    Toast.makeText(getApplicationContext(),"数据插入成功！",Toast.LENGTH_
SHORT).show();
        }
        protected void dbFindAll(){
            data.clear();
            @SuppressLint("Recycle") Cursor cursor = db.rawQuery("select * from friends ", null);
            Map<String, Object> item = new HashMap<>();
            item.put("_id","序号"); item.put("name","姓名");    item.put("phone","电话");
            data.add(item);
            cursor.moveToFirst();
            while(!cursor.isAfterLast()){
                String id= cursor.getString(0);
                String   name= cursor.getString(1);
                String   phone= cursor.getString(2);
                item =new HashMap<>();
                item.put("_id",id);
                item.put("name",name);
                item.put("phone",phone);
                data.add(item);
                cursor.moveToNext();
            }
            showList();
        }
    }
    public void add(View v){
        SQLiteDatabase db=helper.getWritableDatabase();
        ContentValues values=new ContentValues();
        values.put("name",et_name.getText().toString());
        values.put("phone",et_phone.getText().toString());
        Long row=db.insert("Studentinfo",null,values);
        Toast.makeText(this,"数据添加成功",Toast.LENGTH_SHORT).show();
        db.close();
    }
    public void update(View v){
        SQLiteDatabase db=helper.getWritableDatabase();
        ContentValues values=new ContentValues();
```

```
        //values.put("name",et_name.getText().toString());
        values.put("phone",et_phone.getText().toString());
        int     number=db.update("Studentinfo",values,"name=?",new        String[]{et_name.getText().
toString()});
        System.out.print("修改了"+number+"条数据");
        Log.e("jjj","修改了"+number+"条数据");
        Toast.makeText(this,"数据修改成功",Toast.LENGTH_SHORT).show();
        db.close();
    }
    public void delete(View v){
        SQLiteDatabase db=helper.getWritableDatabase();
    //  Long row=db.insert("Studentinfo",null,values);

        long number=db.delete("Studentinfo","name=?",new String[]{et_name.getText().toString()});
        System.out.print("删除了"+number+"条数据");
        Toast.makeText(this,"数据删除成功",Toast.LENGTH_SHORT).show();
        db.close();
    }
    private ListView lv;
    public void select(View v){
    // SQLiteDatabase db=helper.getReadableDatabase();
    //  Long row=db.insert("Studentinfo",null,values);
        Cursor cursor=db.query("Studentinfo",null,null,null,null,null,null);
        cursor.close();
        Log.e("jjj","chadaole 了条数据");
        // lv.findViewById(R.id.lv);
        // lv.setAdapter(array_adapter);
    }
    //读取通讯录的全部联系人
    //需要先在 raw_contact 表中遍历 id，并根据 id 到 data 表中获取数据
    /*  public void select(){
        //uri = content://com.android.contacts/contacts
        SQLiteDatabase db=helper.getReadableDatabase();
        Cursor cursor = db.rawQuery("select * from Studentinfo", null);
        List<Student> studentinfos=new ArrayList<Student>();
        int num=0;
        while(cursor.moveToNext()){
            Student student=new Student();
            student.setId(cursor.getInt(cursor.getColumnIndex("_id")));
```

```
            student.setName(cursor.getString(cursor.getColumnIndex("name")));
            student.setPhone(cursor.getString(cursor.getColumnIndex("phone")));
            num++;
            studentinfos.add(student);
            //student=null;
            }
            cursor.close();
        db.close();
        Log.e("dsdiuihfisduhfuic 查出来", num+"条");
        for(Student p:studentinfos){ System.out.println(p.toString()); }
            Log.i("Contacts", "wan");
        }
```

10.4.3　Manifest

Manifest 是项目的配置文件，用于设置项目的参数信息，代码如下：

```
<?xml version="1.0" encoding="utf-8"?>
<manifest xmlns:android="http://schemas.android.com/apk/res/android"
    package="com.example.a15676.addressbook">
    <application
        android:allowBackup="true"
        android:icon="@mipmap/ic_launcher"
        android:label="@string/app_name"
        android:roundIcon="@mipmap/ic_launcher_round"
        android:supportsRtl="true"
        android:theme="@style/AppTheme">
        <activity android:name=".MainActivity">
            <intent-filter>
                <action android:name="android.intent.action.MAIN" />
                <category android:name="android.intent.category.LAUNCHER" />
            </intent-filter>
        </activity>
    </application>
</manifest>
```

10.4.4　activity_main

activity_main 是项目的配置文件，用于设置项目的参数信息，代码如下：

```
<?xml version="1.0" encoding="utf-8"?>
<RelativeLayout xmlns:android="http://schemas.android.com/apk/res/android"
```

```
    xmlns:app="http://schemas.android.com/apk/res-auto"
    xmlns:tools="http://schemas.android.com/tools"
    android:layout_width="match_parent"
    android:layout_height="match_parent"
    android:background="@drawable/h"
    tools:context=".MainActivity">
    <LinearLayout
        android:id="@+id/A"
        android:layout_width="match_parent"
        android:layout_height="wrap_content"
        android:layout_alignParentStart="true"
        android:layout_alignParentTop="true"
        android:layout_marginTop="50dp"
        android:orientation="vertical"
        android:layout_alignParentLeft="true">
        <LinearLayout
            android:layout_width="match_parent"
            android:layout_height="match_parent"
            android:layout_marginLeft="20dp"
            android:layout_marginRight="30dp"
            android:orientation="horizontal">
            <TextView
                android:id="@+id/textView2"
                android:layout_width="170dp"
                android:layout_height="50dp"
                android:layout_weight="1"
                android:textSize="20sp"
                android:paddingLeft="20dp"
                android:gravity="center_horizontal"
                android:textColor="#ff000000"
                android:text="姓名：" />
            <EditText
                android:id="@+id/et_name"
                android:layout_width="match_parent"
                android:layout_height="50dp"
                android:layout_weight="1"
                android:ems="20"
                android:textColor="#ff000000"
                android:textSize="20sp" />
        </LinearLayout>
```

```xml
        <View
            android:layout_width="match_parent"
            android:layout_height="5dp"
            />
        <LinearLayout
            android:layout_width="match_parent"
            android:layout_height="match_parent"
            android:layout_marginLeft="20dp"
            android:layout_marginRight="30dp"
            android:orientation="horizontal">

            <TextView
                android:id="@+id/textView3"
                android:layout_width="170dp"
                android:layout_height="50dp"
                android:gravity="center_horizontal"
                android:ems="20"
                android:paddingLeft="20dp"
                android:textSize="20sp"
                android:layout_weight="1"
                android:textColor="#ff000000"
                android:text="电话：" />
            <EditText
                android:id="@+id/et_phone"
                android:layout_width="match_parent"
                android:layout_height="50dp"
                android:layout_weight="1"
                android:ems="20"
                android:inputType="phone"
                android:textColor="#ff000000"
                android:textSize="20sp" />
        </LinearLayout>
    </LinearLayout>
    <View
        android:layout_width="match_parent"
        android:layout_height="5dp"
        android:background="#11000000" />
    <LinearLayout
        android:layout_width="match_parent"
```

```
            android:layout_height="wrap_content"
            android:id="@+id/B"
            android:layout_below="@+id/A"
            android:layout_marginLeft="10dp"
            android:layout_marginRight="10dp"
            android:orientation="horizontal">
            <Button
                android:id="@+id/bt_add"
                android:layout_width="wrap_content"
                android:layout_height="wrap_content"
                android:layout_weight="1"
                android:text="添加" />
            <Button
                android:id="@+id/bt_modify"
                android:layout_width="wrap_content"
                android:layout_height="wrap_content"
                android:layout_weight="1"
                android:text="修改" />
            <Button
                android:id="@+id/bt_del"
                android:layout_width="wrap_content"
                android:layout_height="wrap_content"
                android:layout_weight="1"
                android:text="删除" />
            <Button
                android:id="@+id/bt_sel"
                android:layout_width="wrap_content"
                android:layout_height="wrap_content"
                android:layout_weight="1"
                android:text="查询" />
        </LinearLayout>
        <ListView
            android:id="@+id/listView"
            android:layout_below="@+id/B"
            android:layout_width="match_parent"
            android:layout_height="wrap_content" />
    </RelativeLayout>
```

10.4.5 list_item

List_item 是主界面的布局文件，通过 XML 实现相对布局，代码如下：

```xml
<?xml version="1.0" encoding="utf-8"?>
<LinearLayout xmlns:android="http://schemas.android.com/apk/res/android"
android:layout_width="match_parent"
android:orientation="horizontal"
android:layout_height="match_parent">
<TextView
    android:id="@+id/tv_id"
    android:layout_width="100dp"
    android:textSize="20sp"
    android:textColor="#ff000000"
    android:layout_height="wrap_content"
    android:gravity="center_horizontal"
    />
<TextView
    android:id="@+id/tv_name"
    android:layout_width="120dp"
    android:textSize="20sp"
    android:textColor="#ff000000"
    android:layout_height="wrap_content"
    android:gravity="center_horizontal"
    />
<TextView
    android:id="@+id/tv_phone"
    android:textSize="20sp"
    android:textColor="#ff000000"
    android:layout_width="match_parent"
    android:layout_height="wrap_content"
    android:gravity="center_horizontal"
    />
</LinearLayout>
```

10.5　系统运行结果

10.5.1　App 初始界面

运行 App，在虚拟机上查看界面，如图 10.5 所示。

10.5.2　添加功能

　　输入"zhangsan""156798236"，点击"添加"按钮，系统会弹出"数据插入成功！"消息框，并在 ListView 中显示该条信息，如图 10.6 所示。

图 10.5

图 10.6

10.5.3　修改功能

　　把电话改为"111"，并点击"修改"按钮，则会弹出"数据更新成功！"消息框。在 ListView 中显示更新后的信息，运行结果如图 10.7 所示。

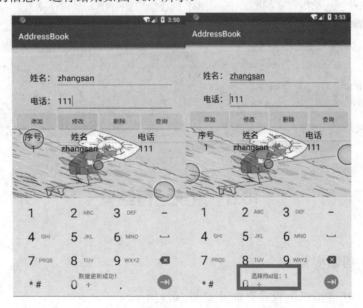

图 10.7

10.5.4　删除功能

选中一行信息，会弹出"选择的 id 是：1"消息框，这时点击"删除"按钮，就会将 id=1 的信息删除，运行结果如图 10.8 所示。

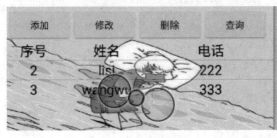

图 10.8

10.5.5　查询功能

点击"查询"按钮，显示所有信息，运行结果如图 10.9 所示。

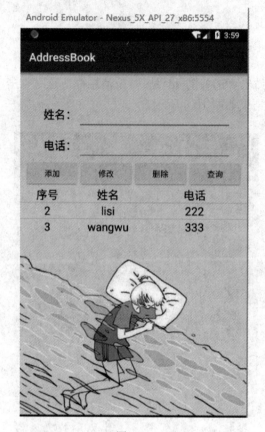

图 10.9

第 11 章　电话管理系统

本章将结合 CSS 和 JavaScript 技术，开发一个在 Android 系统平台运行的电话管理系统。

11.1　需　求　分　析

本项目使用"HTML5+JQuery Mobile+PhoneGap"技术实现一个经典的电话管理工具，实现对设备内联系人信息的管理，包括添加新信息、删除信息、快速搜索信息、修改信息、更新信息等功能。在本节的内容中，将对本项目进行必要的需求分析。

11.1.1　产生背景

随着网络和信息技术的发展，很多人之间也都有了或多或少的联系。如何更好地管理这些信息是每个人必须面临的问题，特别是那些很久没有联系的朋友，如果再次见面无法回忆起这个人的信息，势必会造成一些不必要的尴尬。基于上述种种原因，开发一套通讯录管理系统是很重要的。

另外，随着移动设备平台的发展，以 Android 系统为代表的智能手机系统已经普及到普通消费者。智能手机设备已经成为人们生活中必不可少的物品。在这种背景下，手机通讯录变得愈发重要，已经成为人们离不开的联系人系统。

本系统的主要目的是更好地管理每个人手机里的通讯录，给每个人提供一个井然有序的管理平台，防止因手工管理混乱而造成麻烦。

11.1.2　功能分析

通过市场调查可知，一个完整的电话管理系统应该包括：添加模块、主窗口模块、信息查询模块、信息修改模块、系统管理模块。本系统主要实现设备内联系人信息的管理，包括添加、修改、查询和删除。

1. 系统管理模块

用户通过此模块来管理手机内的联系人信息，在屏幕下方提供实现系统管理的 5 个按钮。

◇ 搜索：单击此按钮后能够快速搜索手机内的联系人信息。

◇ 添加：单击此按钮后能够向设备内添加新的联系人信息。

◇ 修改：单击此按钮后能够修改设备内已经存在的某条联系人信息。

◇ 删除：单击此按钮后能够删除设备内已经存在的某条联系人信息。

◇ 更新：单击此按钮后能够更新设备的所有联系人信息。

2．系统主界面

◇ 查询：单击此按钮后能够来到系统搜索界面，快速搜索设备内的联系人信息。

◇ 管理：单击此按钮后能够来到系统管理模块的主界面。

◇ 信息添加模块：通过此模块能够向设备添加新的联系人。

◇ 信息修改模块：通过此模块能够修改已经存在的联系人信息。

◇ 信息删除模块：通过此模块能够删除已经存在的联系人信息。

◇ 信息查询模块：通过此模块能够查询已经存在的联系人信息。

11.2 系 统 创 建

本系统的创建步骤如下：

(1) 启动 Eclipse，依次选中 File->New->other 选项，然后在树形结构中找到 Android，单击 Android Application Project。

(2) 填写包名、项目名、工程名，选择最低版本、目标版本，按流程点击 next，最终点击 finish 完成项目创建。

(3) 修改文件 MainActivity.java，为此文件添加 HTML 文件的代码，代码如下：

```java
public class MainActivity extends DroidGap {
    @Override
    public void onCreate(Bundle savedInstanceState) {
        super.onCreate(savedInstanceState);
        super.loadUrl("file:///android_asset/www/main.html");
    }
}
```

11.3 系统主界面实现

在本系统中，系统的主要实现文件是 main.html，代码如下：

```html
<!DOCTYPE html >
<html>
<head>
    <meta http-equiv="Content-Type" content="text/html; charset=UTF-8">
```

```html
<meta name="viewport" content="width=device-width, initial-scale=1" />
<link rel="stylesheet"    href="./css/jquery.mobile-1.2.0.css" />
<style>
          /* App custom styles */
</style>
<script src="./js/jquery.js"></script>
<script src="./js/jquery.mobile-1.2.0.js"></script>
<script src="./cordova-2.1.0.js"></script>

</head>
<body>
   <!-- Home -->
   <div data-role="page" id="page1" style="background-image: url(./img/bg.gif);">
   <div data-theme="e" data-role="header">
   <h2>电话本管理中心</h2>
   </div>
   <div data-role="content" style="padding-top:200px;">
   <a data-role="button" data-theme="e" href="./select.html" id="chaxun"
          data-icon="search" data-iconpos="left" data-transition="flip">查询</a>
   <a data-role="button" data-theme="e" href="./set.html" id="guanli"
          data-icon="gear" data-iconpos="left"> 管理 </a>
   </div>
   <div data-theme="e" data-role="footer" data-position="fixed">
   <span class="ui-title">免费组织制作 v1.0</span>
   </div>

   <script type="text/javascript">
              //App custom javascript
          sessionStorage.setItem("uid","");

          $('#page1').bind('pageshow',function(){
        $.mobile.page.prototype.options.domCache = false;

          });
          // 等待加载 PhoneGap
          document.addEventListener("deviceready", onDeviceReady, false);

          // PhoneGap 加载完毕
          function onDeviceReady() {
```

```
var db = window.openDatabase("Database", "1.0", "PhoneGap myuser", 200000);
db.transaction(populateDB, errorCB);
        }
        // 填充数据库
    function populateDB(tx) {
        tx.executeSql('CREATE TABLE IF NOT EXISTS 'myuser' ('user_id' integer primary
key autoincrement , 'user_name' VARCHAR( 25 ) NOT NULL , 'user_phone' varchar( 15 ) NOT
NULL , 'user_qq' varchar( 15 ) , 'user_email' VARCHAR( 50 ), 'user_bz' TEXT)');

        }

        // 事务执行出错后调用的回调函数
        function errorCB(tx, err) {
        alert("Error processing SQL: "+err);
        }

    </script>
    </div>
    </body>
</html>
```

运行程序，结果如图 11.1 所示。

图 11.1

11.4　信息查询模块实现

　　信息查询模块的功能是快速搜索设备内需要查询的联系人信息。单击主界面"查询"按钮，系统会跳转到图 11.2 所示的查询界面。

图 11.2

在查询界面上的表单中可以输入搜索的关键字，然后单击"查询"按钮，会在下方显示出搜索的结果。信息查询模块的实现文件是 select.html，代码如下：

```
<script src="./js/jquery.js"></script>
    <script src="./js/jquery.mobile-1.2.0.js"></script>
    <!-- <script src="./cordova-2.1.0.js"></script> -->
</head>
<body>
<body>
    <!-- Home -->
    <div data-role="page" id="page1">
    <div data-theme="e" data-role="header">
    <a data-role="button" href="./main.html" data-icon="back"
        data-iconpos="left" class="ui-btn-left">返回</a>
    <a data-role="button" href="./main.html" data-icon="home"
        data-iconpos="right" class="ui-btn-right">首页</a>
    <h3> 查询</h3>
    <div >
        <fieldset data-role="controlgroup" data-mini="true">
        <input name=""id="searchinput6" placeholder="输入联系人姓名" value="" type="search" />
        </fieldset>
    </div>
    <div>
        <input type="submit" id="search"   data-theme="e" data-icon="search"
```

```
        data-iconpos="left" value="查询" data-mini="true" />
    </div>
</div>
<div data-role="content">
        <div class="ui-grid-b" id="contents">
                </div >


</div>
<script>
    //App custom javascript
    var u_name="";
    <!-- 查询全部联系人   -->
    // 等待加载 PhoneGap
    document.addEventListener("deviceready", onDeviceReady, false);
    // PhoneGap 加载完毕
        function onDeviceReady() {
    var db = window.openDatabase("Database", "1.0", "PhoneGap myuser", 200000);
    db.transaction(queryDB, errorCB);//调用 queryDB 查询方法，以及 errorCB 错误回调方法
        }
     // 查询数据库
    function queryDB(tx) {
    tx.executeSql('SELECT * FROM myuser', [], querySuccess, errorCB);
    }
        //查询成功后调用的回调函数
    function querySuccess(tx, results) {
        var len = results.rows.length;
        var str="<div class='ui-block-a' style='width:90px;'>姓名</div><div
            class='ui-block-b'>电话</div><div class='ui-block-c'>拨号</div>";
        console.log("myuser table: " + len + " rows found.");
        for (var i=0; i<len; i++){
            //写入到 logcat 文件
    str +="<div class='ui-block-a' style='width:90px;'>"+results.rows.item(i).user_name
        +"</div><div class='ui-block-b'>"+results.rows.item(i).user_phone
        +"</div><div class='ui-block-c'><a href='tel:"+results.rows.item(i).user_phone
        +"'    data-role='button' class='ui-btn-right' >拨打  </a></div>";
        }
        $("#contents").html(str);
    }
    // 事务执行出错后调用的回调函数
```

```
function errorCB(err) {
    console.log("Error processing SQL: "+err.code);
}


<!-- 查询一条数据  -->
$("#search").click(function(){
    var searchinput6 = $("#searchinput6").val();
    u_name = searchinput6;
    var db = window.openDatabase("Database", "1.0", "PhoneGap myuser", 200000);
db.transaction(queryDBbyone, errorCB);
});


function queryDBbyone(tx){
    tx.executeSql("SELECT * FROM myuser where user_name like '%"+u_name+"%'",
        [], querySuccess, errorCB);
    }
        </script>
    </div>
    </body>
</html>
```

11.5　系统管理模块实现

系统管理模块的功能是管理设备内联系人信息，单击主界面的"管理"按钮，系统会跳转到如图 11.3 所示的系统管理界面。

图 11.3

图 11.3 所示的界面提供了实现系统管理的 5 个按钮，具体功能如下：

- 搜索：单击此按钮后能够快速搜索设备内联系人信息。
- 添加：单击此按钮能够添加联系人信息。
- 修改：单击此按钮能够修改电话联系人信息。
- 删除：单击此按钮能够删除联系人信息。
- 更新：单击此按钮后能够更新电话中所有联系人信息。

系统管理模块的实现文件是 set.html，代码如下：

```html
<html>
<head>
<meta http-equiv="Content-Type" content="text/html; charset=UTF-8">
<meta name="viewport" content="width=device-width, initial-scale=1" />
<title></title>
    <!-- <link rel="stylesheet"   href="./css/jquery.mobile-1.2.0.css" />    -->
    <!--  <script src="./js/jquery.js"></script>  -->
    <!--  <script src="./js/jquery.mobile-1.2.0.js"></script>-->
</head>
<body>
<!-- Home -->
<div data-role="page" id="set_1"    data-dom-cache="false">
<div data-theme="e" data-role="header">
<a data-role="button" href="main.html" data-icon="home" data-iconpos="right" class=
        "ui-btn-right"> 主页</a>
<h1>管理</h1>
<a data-role="button" href="main.html" data-icon="back" data-iconpos="left" class=
        "ui-btn-left">后退 </a>
<div >
<span id="test"></span>
<fieldset data-role="controlgroup" data-mini="true">
<input name="" id="searchinput1" placeholder="输入查询人的姓名" value="" type="search" />
</fieldset>
</div>
<div>
<input type="submit" id="search" data-inline="true" data-icon="search" data-iconpos="top" value=
    "搜索" />
<input type="submit" id="add" data-inline="true" data-icon="plus" data-iconpos="top"    value=
    "添加"/>
<input type="submit" id="modfiry"data-inline="true" data-icon="minus" data-iconpos="top" value=
    "修改" />
```

```html
<input type="submit" id="delete" data-inline="true" data-icon="delete" data-iconpos="top" value=
    "删除" />
<input type="submit" id="refresh" data-inline="true" data-icon="refresh" data-iconpos="top" value=
    "更新" />
</div>
</div>
<div data-role="content">
<div class="ui-grid-b" id="contents">
        </div >
</div>
<script type="text/javascript">
                    $.mobile.page.prototype.options.domCache = false;
                    var u_name="";
                    var num="";
                    var strsql="";
<!-- 查询全部联系人  -->
// 等待加载 PhoneGap
document.addEventListener("deviceready", onDeviceReady, false);
// PhoneGap 加载完毕
            function onDeviceReady() {
var db = window.openDatabase("Database", "1.0", "PhoneGap myuser", 200000);
db.transaction(queryDB, errorCB);   //调用 queryDB 查询方法，以及 errorCB 错误回调方法
            }
        // 查询数据库
function queryDB(tx) {
    tx.executeSql('SELECT * FROM myuser', [], querySuccess, errorCB);
}
        // 查询成功后调用的回调函数
function querySuccess(tx, results) {
    var len = results.rows.length;
    var str="<div class='ui-block-a'>编号</div><div class='ui-block-b'>姓名</div><div
                class='ui-block-c'>电话</div>";
    //console.log("myuser table: " + len + " rows found.");
    for (var i=0; i<len; i++){
        //写入到 logcat 文件
        //console.log("Row = " + i + " ID = " + results.rows.item(i).user_id + " Data = "
                + results.rows.item(i).user_name);
        str +="<div class='ui-block-a'><input type='checkbox' class='idvalue' value="
            +results.rows.item(i).user_id+" /></div><div class='ui-block-b'>"
```

```
            +results.rows.item(i).user_name
            +"</div><div class='ui-block-c'>"+results.rows.item(i).user_phone+"</div>";
    }
    $("#contents").html(str);
}
// 事务执行出错后调用的回调函数
function errorCB(err) {
    console.log("Error processing SQL: "+err.code);
}


<!-- 查询一条数据   -->
$("#search").click(function(){
    var searchinput1 = $("#searchinput1").val();
    u_name = searchinput1;
    var db = window.openDatabase("Database", "1.0", "PhoneGap myuser", 200000);
db.transaction(queryDBbyone, errorCB);
});


function queryDBbyone(tx){
    tx.executeSql("SELECT * FROM myuser where user_name like '%"+u_name+"%'", [],
    querySuccess, errorCB);
}


$("#delete").click(function(){
    var len = $("input:checked").length;
    for(var i=0;i<len;i++){
        num +=","+$("input:checked")[i].value;
    }
    num=num.substr(1);
    var db = window.openDatabase("Database", "1.0", "PhoneGap myuser", 200000);
db.transaction(deleteDBbyid, errorCB);
});


function deleteDBbyid(tx){
    tx.executeSql("DELETE FROM `myuser` WHERE user_id in("+num+")", [], queryDB, \
    errorCB);
}


        $("#add").click(function(){
```

```
            $.mobile.changePage ('add.html', 'fade', false, false);
        });
        $("#modfiry").click(function(){
            if($("input:checked").length==1){
                var userid=$("input:checked").val();
                sessionStorage.setItem("uid",userid);
                $.mobile.changePage ('modfiry.html', 'fade', false, false);
            }else{
                alert("请选择要修改的联系人，并且每次只能选择一位");
            }

        });


//============与手机联系人 同步数据
        $("#refresh").click(function(){
            // 从全部联系人中进行搜索
        var options = new ContactFindOptions();
        options.filter="";
        var filter = ["displayName","phoneNumbers"];
        options.multiple=true;
        navigator.contacts.find(filter, onTbSuccess, onError, options);
        });


        // onSuccess: 返回当前联系人结果集的快照
function onTbSuccess(contacts) {
    // 显示所有联系人的地址信息

    var str="<div class='ui-block-a'>编号</div><div class='ui-block-b'>姓名</div><div
        class='ui-block-c'>电话</div>";
    var phone;
    var db = window.openDatabase("Database", "1.0", "PhoneGap myuser", 200000);
    for (var i=0; i<contacts.length; i++){
        for(var j=0; j< contacts[i].phoneNumbers.length; j++){
            phone = contacts[i].phoneNumbers[j].value;
        }

        strsql +="INSERT INTO 'myuser' ('user_name', 'user_phone') VALUES
            ('"+contacts[i].displayName+"','"+phone+"');#";
    }
```

```
        db.transaction(addBD, errorCB);


    }
    // 更新插入数据
    function addBD(tx){


        strs=strsql.split("#");
        for(var i=0;i<strs.length;i++){
        tx.executeSql(strs[i], [], [], errorCB);
        }
            var db = window.openDatabase("Database", "1.0", "PhoneGap myuser", 200000);
            db.transaction(queryDB, errorCB);
            }
        // onError: 获取联系人结果集失败
        function onError() {
            console.log("Error processing SQL: "+err.code);

        }
    </script>
  </div>
 </body>
</html>
```

11.6　信息添加模块实现

在系统管理模块中点击"添加"按钮，系统会跳转到如图 11.4 所示的信息添加界面，通过此界面可以向设备中添加新的联系人信息。

图 11.4

信息添加模块的实现文件是 add.html，代码如下：

```html
<html>
<head>
<meta http-equiv="Content-Type" content="text/html; charset=UTF-8">
<title>Insert title here</title>
<script type="text/javascript" src="./js/jquery.js"></script>
</head>
<body>
<!-- Home -->
<div data-role="page" id="page1">
<div data-theme="e" data-role="header">
<a data-role="button"  id="tjlxr" data-theme="e" data-icon="info" data-iconpos=
    "right" class="ui-btn-right">保存</a>
<h3>添加联系人 </h3>
<a data-role="button"   id="czlxr" data-theme="e"   data-icon="refresh" data-iconpos=
    "left" class="ui-btn-left"> 重置</a>
</div>
<div data-role="content">
<form action="" data-theme="e">
<div data-role="fieldcontain">
<fieldset data-role="controlgroup" data-mini="true">
<label for="textinput1">姓名：<input name="" id="textinput1" placeholder="联系人姓名" value=""
    type="text" /></label>
</fieldset>
<fieldset data-role="controlgroup" data-mini="true">
<label for="textinput2">电话：   <input name="" id="textinput2" placeholder="联系人电话"
    value="" type="tel" /></label>
</fieldset>
<fieldset data-role="controlgroup" data-mini="true">
<label for="textinput3">QQ：<input name="" id="textinput3" placeholder="" value="" type=
    "number" /></label>
</fieldset>
    <fieldset data-role="controlgroup" data-mini="true">
    <label for="textinput4">Emai：<input name="" id="textinput4" placeholder="" value
    ="" type="email" /></label>
    </fieldset>
    <fieldset data-role="controlgroup">
    <label for="textarea1"> 备注：</label>
    <textarea name="" id="textarea1" placeholder="" data-mini="true"></textarea>
```

```
    </fieldset>
</div>
<div>
<a data-role="button"    id="back" data-theme="e">返回</a>
</div>
</form>


</div>
<script type="text/javascript">
    $.mobile.page.prototype.options.domCache = false;
    var textinput1 = "";
    var textinput2 = "";
    var textinput3 = "";
    var textinput4 = "";
    var textarea1    = "";
     $("#tjlxr").click(function(){


    textinput1 =    $("#textinput1").val();
    textinput2 =    $("#textinput2").val();
    textinput3 =    $("#textinput3").val();
    textinput4 =    $("#textinput4").val();
    textarea1   =    $("#textarea1").val();
   var db = window.openDatabase("Database", "1.0", "PhoneGap myuser", 200000);
   db.transaction(addBD, errorCB);
                });


              function addBD(tx){
    tx.executeSql("INSERT INTO 'myuser' ('user_name', 'user_phone', 'user_qq', 'user_email',
    'user_bz') VALUES ('"+textinput1+"',"+textinput2+","+textinput3+",'"+textinput4+"',
    '"+textarea1+"')", [], successCB, errorCB);
              }

    $("#czlxr").click(function(){
    $("#textinput1").val("");
    $("#textinput2").val("");
    $("#textinput3").val("");
    $("#textinput4").val("");
    $("#textarea1").val("");
    });
```

```
            $("#back").click(function(){
    successCB();
            });
            // 等待加载 PhoneGap
            document.addEventListener("deviceready", onDeviceReady, false);

            // PhoneGap 加载完毕
            function onDeviceReady() {
var db = window.openDatabase("Database", "1.0", "PhoneGap myuser", 200000);
db.transaction(populateDB, errorCB);
            }
            // 填充数据库
    function populateDB(tx) {
        tx.executeSql('CREATE TABLE IF NOT EXISTS 'myuser' ('user_id' integer primary key
    autoincrement , 'user_name' VARCHAR( 25 ) NOT NULL , 'user_phone' varchar( 15 ) NOT
    NULL , 'user_qq' varchar( 15 ) , 'user_email' VARCHAR( 50 ) , 'user_bz' TEXT)');

    }

    // 事务执行出错后调用的回调函数
    function errorCB(tx, err) {
        alert("Error processing SQL: "+err);
    }

    // 事务执行成功后调用的回调函数
    function successCB() {
        $.mobile.changePage ('set.html', 'fade', false, false);
    }
    </script>
    </div>
 </body>
</html>
```

11.7　信息修改模块实现

在系统管理界面中选择"修改"按钮，系统跳转到信息修改界面，通过此界面可以修改被选中的联系人信息。

信息修改的实现文件是 modify.html，代码如下：

```
<html>
<head>
<meta http-equiv="Content-Type" content="text/html; charset=UTF-8">
<title>Insert title here</title>
<script type="text/javascript" src="./js/jquery.js"></script>
</head>
<body>
<!-- Home -->
<div data-role="page" id="page1">
<div data-theme="e" data-role="header">
<a data-role="button"    id="tjlxr" data-theme="e" data-icon="info" data-iconpos="right"
            class="ui-btn-right">修改</a>
<h3>修改联系人 </h3>
<a data-role="button"    id="back" data-theme="e"    data-icon="refresh" data-iconpos="left"
            class="ui-btn-left"> 返回</a>
</div>
<div data-role="content">
<form action="" data-theme="e">
<div data-role="fieldcontain">
<fieldset data-role="controlgroup" data-mini="true">
<label for="textinput1">姓名： <input name="" id="textinput1" placeholder="联系人姓名"
    value="" type="text" /></label>
</fieldset>
<fieldset data-role="controlgroup" data-mini="true">
<label for="textinput2">电话：  <input name="" id="textinput2" placeholder="联系人电话"
    value="" type="tel" /></label>
</fieldset>
<fieldset data-role="controlgroup" data-mini="true">
<label for="textinput3">QQ： <input name="" id="textinput3" placeholder="" value="" type=
    "number" /></label>
</fieldset>
<fieldset data-role="controlgroup" data-mini="true">
<label for="textinput4">Email： <input name="" id="textinput4" placeholder="" value="" type=
    "email" /></label>
</fieldset>
<fieldset data-role="controlgroup">
<label for="textarea1"> 备注：</label>
<textarea name="" id="textarea1" placeholder="" data-mini="true"></textarea>
</fieldset>
```

```
    </div>
    </form>

    </div>
    <script type="text/javascript">
        $.mobile.page.prototype.options.domCache = false;
        var textinput1 = "";
        var textinput2 = "";
        var textinput3 = "";
        var textinput4 = "";
        var textarea1   = "";
        var uid = sessionStorage.getItem("uid");
  //=====================================================================
  $("#tjlxr").click(function(){

  textinput1 =   $("#textinput1").val();
  textinput2 =   $("#textinput2").val();
  textinput3 =   $("#textinput3").val();
  textinput4 =   $("#textinput4").val();
  textarea1   =  $("#textarea1").val();
                var db = window.openDatabase("Database", "1.0", "PhoneGap myuser", 200000);
  db.transaction(modfiyBD, errorCB);
            });

            function modfiyBD(tx){
  //  alert("UPDATE  'myuser'SET    "user_name'='"+textinput1+"',  'user_phone'='"+textinput2+"',
'user_qq'='"+textinput3
        //      +"','user_email'='"+textinput4+"', 'user_bz'='"+textarea1+"' WHERE userid="+uid);
    tx.executeSql("UPDATE 'myuser'SET   user_name'='"+ textinput1+"', 'user_phone'=
    "+textinput2+"', 'user_qq'='"+textinput3
    +"','user_email'='"+textinput4+"', 'user_bz'='"+textarea1+"' WHERE user_id="+uid, [], successCB,
errorCB);
                }

  //=====================================================================
                $("#back").click(function(){
  successCB();
                });
```

```
//=========================================================

                document.addEventListener("deviceready", onDeviceReady, false);

                // PhoneGap 加载完毕
                function onDeviceReady() {
var db = window.openDatabase("Database", "1.0", "PhoneGap myuser", 200000);
db.transaction(selectDB, errorCB);
                    }


    function selectDB(tx) {
        //alert("SELECT * FROM myuser where user_id="+uid);
        tx.executeSql("SELECT * FROM myuser where user_id="+uid, [], querySuccess, errorCB);
    }


    // 事务执行出错后调用的回调函数
    function errorCB(tx, err) {
        alert("Error processing SQL: "+err);
    }


    // 事务执行成功后调用的回调函数
    function successCB() {
        $.mobile.changePage ('set.html', 'fade', false, false);
    }
    function querySuccess(tx, results) {
    var len = results.rows.length;
    for (var i=0; i<len; i++){
        //写入到 logcat 文件
        //console.log("Row = " + i + " ID = " + results.rows.item(i).user_id + " Data =   " +
results.rows.item(i).user_name);
        $("#textinput1").val(results.rows.item(i).user_name);
        $("#textinput2").val(results.rows.item(i).user_phone);
        $("#textinput3").val(results.rows.item(i).user_qq);
        $("#textinput4").val(results.rows.item(i).user_email);
        $("#textarea1").val(results.rows.item(i).user_bz);
    }


    }
    </script>
```

```
      </div>
    </body>
  </html>
```

11.8　信息删除模块和更新模块实现

在管理主界面选中某个联系人，单击"删除"按钮，则可以删除该联系人的信息。信息删除模块的功能在文件 set.html 中实现，代码如下：

```
function deleteDBbyid(tx){
    tx.executeSql("DELETE FROM `myuser` WHERE user_id in("+num+")", [], queryDB,
     errorCB);
 }
```

在管理模块主界面点击"更新"按钮则会更新整个设备内的联系人信息，信息更新模块的功能在文件 set.html 中实现，代码如下：

```
$("#refresh").click(function(){
    //从全部联系人中进行搜索
    var options = new ContactFindOptions();
    options.filter="";
    var filter = ["displayName","phoneNumbers"];
    options.multiple=true;
    navigator.contacts.find(filter, onTbSuccess, onError, options);
});
```

第 12 章　陌陌即时通信系统

本章将在 Android 系统中开发一款仿陌陌系统的交友软件，为读者掌握 Android 系统应用开发的核心技术打下基础。

12.1　陌陌系统介绍

陌陌是一款基于地理位置的移动社交软件，可以通过陌陌认识周围的陌生人，查看对方的个人信息和位置，免费发送短信、语音、照片以及精准的地理位置。陌陌专注于移动互联网，专攻于移动社交，专注于社交模式并满足人们的社交愿望。公司于 2011 年 3 月份成立。

12.1.1　陌陌的发展现状

陌陌是陌陌科技开发者的首个基于 iPhone、Android 和 Windows Phone 的手机应用软件。陌陌有别于微信、微博、QQ、YY、MSN、群群、遇见等手机社交软件，陌陌可以提供真实的位置信息，解决了以往社交软件过于虚幻、缺乏真实的线下互动的问题。2011 年 8 月 3 日，陌陌 iOS 版本正式上线。

2013 年 4 月 24 日，在由艾瑞咨询举办的 2012～2013 中国移动互联网应用评比活动中，陌陌获得中国移动互联网应用年度最具创新力大奖。2013 年 4 月 15 日，陌陌 3.4 版本上线，新版本增加附近群组搜索、创建好友多人对话、微博好友推荐功能。

2014 年 12 月 12 日，陌陌科技登陆纳斯达克。

12.1.2　陌陌的特点

陌陌的特点体现在以下几方面：

(1) 设计模式。陌陌根据 GPS 搜寻和定位身边的陌生人和群组，高效快捷地建立联系，节省沟通的距离和成本。

(2) 免费传递。可以方便地通过陌陌免费发送信息、语音、照片以及精确的地理位置，与他人进行各种互动。

(3) 递送提示。通过陌陌可即时了解信息送达的状态，"送达""已读"等提示能让用户即时掌握信息是否被对方看到。

（4）个人资料。可以在资料页存放多张照片，以及签名、职业、爱好等信息，以增进其他人对用户的了解。

（5）场景表情。表情商店提供了丰富的表情，让聊天不再单调，更加的生动活泼，符合移动社交的聊天风格。

（6）会员服务。可享受陌陌推出的各种增值以及专属服务，包括基础会员服务、上限提升服务、表情商店服务等。

（7）隐私保护。可以随时把厌恶的人拉入黑名单，还可以对他人的不良行为进行举报，并且有多种隐身模式。

（8）平台支持。全面支持多种 iOS 设备以及 Android2.3 及以上版本的手机，支持各种网络接入方式。

12.2　实现系统欢迎界面

运行陌陌系统后，将显示一个系统欢迎界面，以一幅图片作为背景，下方显示"注册"和"登录"两个按钮，如图 12.1 所示。

图 12.1

在本节的内容中，将详细讲解系统欢迎界面的具体实现过程。

12.2.1　欢迎界面布局

本系统欢迎界面 Activity 的布局文件是 activity_welcome.xml，功能是通过 ImageView 控件显示背景图片，在界面下方通过两个 Button 控件显示"注册"和"登录"按钮，代码如下：

```xml
<?xml version="1.0" encoding="utf-8"?>
<RelativeLayout xmlns:android="http://schemas.android.com/apk/res/android"
    android:layout_width="fill_parent"
    android:layout_height="fill_parent"
    android:background="@drawable/pic_index_background"
    android:orientation="vertical">
    <RelativeLayout
        android:layout_width="fill_parent"
        android:layout_height="wrap_content"
        android:layout_alignParentTop="true">
        <ImageView
            android:layout_width="wrap_content"
            android:layout_height="wrap_content"
            android:scaleType="center"
            android:src="@drawable/pic_index_logo" />

        <ImageView
            android:layout_width="wrap_content"
            android:layout_height="wrap_content"
            android:layout_alignParentRight="true"
            android:layout_alignParentTop="true"
            android:scaleType="center"
            android:visibility="gone" />
    </RelativeLayout>
    <ImageView
        android:layout_width="wrap_content"
        android:layout_height="wrap_content"
        android:layout_alignParentBottom="true"
        android:layout_centerHorizontal="true"
        android:scaleType="center"
        android:src="@drawable/pic_index_copyright" />
    <LinearLayout
        android:id="@+id/welcome_linear_ctrlbar"
        android:layout_width="fill_parent"
        android:layout_height="wrap_content"
        android:layout_alignParentBottom="true"
        android:background="@drawable/bg_welcome_ctrlbar"
        android:gravity="center_horizontal|bottom"
        android:orientation="vertical"
        android:paddingBottom="15dip"
```

```
            android:paddingLeft="5dip"
            android:paddingRight="5dip"
            android:paddingTop="13dip">
        <LinearLayout
            android:id="@+id/welcome_linear_avatars"
            android:layout_width="fill_parent"
            android:layout_height="wrap_content"
            android:gravity="center"
            android:orientation="horizontal">
            <include
                android:id="@+id/welcome_include_member_avatar_block0"
                android:layout_weight="1"
                layout="@layout/include_welcome_item" />
            <include
                android:id="@+id/welcome_include_member_avatar_block1"
                android:layout_weight="1"
                layout="@layout/include_welcome_item" />

            <include
            android:id="@+id/welcome_include_member_avatar_block2"
                android:layout_weight="1"
                layout="@layout/include_welcome_item" />

             <include
                android:id="@+id/welcome_include_member_avatar_block3"
                android:layout_weight="1"
                layout="@layout/include_welcome_item" />

            <include
            android:id="@+id/welcome_include_member_avatar_block4"
                android:layout_weight="1"
                layout="@layout/include_welcome_item" />
        <include
        android:id="@+id/welcome_include_member_avatar_block5"
        android:layout_weight="1"
        layout="@layout/include_welcome_item" />
    </LinearLayout>
    <LinearLayout
            android:layout_width="wrap_content"
            android:layout_height="wrap_content"
```

```
                    android:gravity="center"
                    android:orientation="horizontal"
                    android:visibility="invisible">
                    <ImageView
                        android:layout_width="wrap_content"
                        android:layout_height="wrap_content"
                        android:layout_gravity="center"
                        android:src="@drawable/ic_index_totaluser" />
                    <com.immomo.momo.android.view.HandyTextView
                        android:id="@+id/welcome_htv_usercount"
                        android:layout_width="wrap_content"
                        android:layout_height="wrap_content"
                        android:layout_gravity="bottom"
                        android:layout_marginLeft="5dip"
                        android:layout_marginRight="5dip"
                        android:text="0"
                        android:textColor="#FFFFFFFF"
                        android:textSize="18sp" />
                    <com.immomo.momo.android.view.HandyTextView
                        android:layout_width="wrap_content"
                        android:layout_height="wrap_content"
                        android:layout_gravity="bottom"
                        android:text="位用户在你身边"
                        android:textColor="#FFFFFFFF"
                        android:textSize="13sp"
                        android:textStyle="bold" />
                </LinearLayout>
                <LinearLayout
                    android:layout_width="wrap_content"
                    android:layout_height="wrap_content"
                    android:gravity="center"
                    android:orientation="horizontal">
                    <Button
                        android:id="@+id/welcome_btn_register"
                        android:layout_width="100dip"
                        android:layout_height="40dip"
                        android:layout_margin="5dip"
                        android:background="@drawable/btn_default_blue"
                        android:text="注册"
                        android:textColor="#FFFFFFFF" />
```

```
            <Button
                android:id="@+id/welcome_btn_login"
                android:layout_width="100dip"
                android:layout_height="40dip"
                android:layout_margin="5dip"
                android:background="@drawable/btn_default_white"
                android:text="登录"
                android:textColor="#ff465579" />
            <ImageButton
                android:id="@+id/welcome_ibtn_about"
                android:layout_width="wrap_content"
                android:layout_height="40dip"
                android:layout_margin="5dip"
                android:layout_marginLeft="10dip"
                android:background="@drawable/btn_default_white"
                android:src="@drawable/ic_welcome_about_normal" />
        </LinearLayout>
    </LinearLayout>
</RelativeLayout>
```

12.2.2　欢迎界面 Activity

欢迎界面 Activity 的实现文件是 WelcomeActivity.java，功能是监听用户单击屏幕操作，根据用户的图标或者按钮跳转到注册界面或者帮助界面，代码如下：

```
public class WelcomeActivity extends BaseActivity implements OnClickListener {
    private LinearLayout mLinearCtrlbar;
    private LinearLayout mLinearAvatars;
    private Button mBtnRegister;
    private Button mBtnLogin;
    private ImageButton mIbtnAbout;
    private View[] mMemberBlocks;
    //
    private String[] mAvatars = new String[] { "welcome_0", "welcome_1",
            "welcome_2", "welcome_3", "welcome_4", "welcome_5" };
    private String[] mDistances = new String[] { "0.84km", "1.02km", "1.34km",
            "1.88km", "2.50km", "2.78km" };
    @Override
    protected void onCreate(Bundle savedInstanceState) {
        // TODO Auto-generated method stub
        super.onCreate(savedInstanceState);
```

```java
        setContentView(R.layout.activity_welcome);
        initViews();
        initEvents();
        initAvatarsItem();
        showWelcomeAnimation();
    }
    @Override
    protected void initViews() {
        mLinearCtrlbar = (LinearLayout) findViewById(R.id.welcome_linear_ctrlbar);
        mLinearAvatars = (LinearLayout) findViewById(R.id.welcome_linear_avatars);
        mBtnRegister = (Button) findViewById(R.id.welcome_btn_register);
        mBtnLogin = (Button) findViewById(R.id.welcome_btn_login);
        mIbtnAbout = (ImageButton) findViewById(R.id.welcome_ibtn_about);
    }
    @Override
    protected void initEvents() {
        mBtnRegister.setOnClickListener(this);
        mBtnLogin.setOnClickListener(this);
        mIbtnAbout.setOnClickListener(this);
    }
    private void initAvatarsItem() {
        initMemberBlocks();
        for (int i = 0; i < mMemberBlocks.length; i++) {
            ((ImageView) mMemberBlocks[i]
                    .findViewById(R.id.welcome_item_iv_avatar))
            .setImageBitmap(mApplication.getAvatar(mAvatars[i]));
            ((HandyTextView) mMemberBlocks[i]
                    .findViewById(R.id.welcome_item_htv_distance))
                    .setText(mDistances[i]);
        }
    }

    private void initMemberBlocks() {
        mMemberBlocks = new View[6];
        mMemberBlocks[0] = findViewById(R.id.welcome_include_member_avatar_block0);
        mMemberBlocks[1] = findViewById(R.id.welcome_include_member_avatar_block1);
        mMemberBlocks[2] = findViewById(R.id.welcome_include_member_avatar_block2);
        mMemberBlocks[3] = findViewById(R.id.welcome_include_member_avatar_block3);
        mMemberBlocks[4] = findViewById(R.id.welcome_include_member_avatar_block4);
        mMemberBlocks[5] = findViewById(R.id.welcome_include_member_avatar_block5);
```

```
        int margin = (int) TypedValue.applyDimension(
                TypedValue.COMPLEX_UNIT_DIP, 4, getResources()
                        .getDisplayMetrics());
        int widthAndHeight = (mScreenWidth - margin * 12) / 6;
        for (int i = 0; i < mMemberBlocks.length; i++) {
            ViewGroup.LayoutParams params = mMemberBlocks[i].findViewById(
                    R.id.welcome_item_iv_avatar).getLayoutParams();
            params.width = widthAndHeight;
            params.height = widthAndHeight;
            mMemberBlocks[i].findViewById(R.id.welcome_item_iv_avatar)
                    .setLayoutParams(params);
        }
        mLinearAvatars.invalidate();
    }
    private void showWelcomeAnimation() {
        Animation animation = AnimationUtils.loadAnimation(
                WelcomeActivity.this, R.anim.welcome_ctrlbar_slideup);
        animation.setAnimationListener(new AnimationListener() {

            @Override
            public void onAnimationStart(Animation animation) {
                mLinearAvatars.setVisibility(View.GONE);
            }

            @Override
            public void onAnimationRepeat(Animation animation) {

            }

            @Override
            public void onAnimationEnd(Animation animation) {
                new Handler().postDelayed(new Runnable() {
                    @Override
                    public void run() {
                        mLinearAvatars.setVisibility(View.VISIBLE);
                    }
                }, 800);
            }
        });
```

```
            mLinearCtrlbar.startAnimation(animation);
        }
        @Override
        public void onClick(View v) {
            switch (v.getId()) {

            case R.id.welcome_btn_register:
                startActivity(RegisterActivity.class);
                break;

            case R.id.welcome_btn_login:
                startActivity(LoginActivity.class);
                break;

            case R.id.welcome_ibtn_about:
                startActivity(AboutTabsActivity.class);
                break;
            }
        }
    }
```

12.3　实现系统注册界面

当在欢迎界面单击"注册"按钮后会跳转到系统注册界面，运行结果如图 12.2 所示。

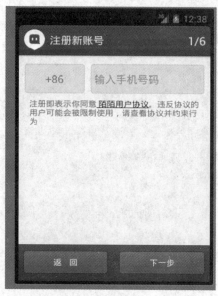

图 12.2

本节将详细讲解系统注册界面的具体实现过程。

12.3.1　注册界面布局

系统注册的布局文件是 activity_register.xml，功能是在上方显示注册表单供用户输入 11 位手机号码，在下方显示"返回"和"下一步"按钮，代码如下：

```xml
<?xml version="1.0" encoding="utf-8"?>
<RelativeLayout xmlns:android="http://schemas.android.com/apk/res/android"
    android:layout_width="fill_parent"
    android:layout_height="fill_parent"
    android:background="@color/background_normal"
    android:orientation="vertical">
    <include
        android:id="@+id/reg_header"
        layout="@layout/include_header" />
    <LinearLayout
        android:layout_width="fill_parent"
        android:layout_height="fill_parent"
        android:layout_below="@+id/reg_header"
        android:orientation="vertical">
    <LinearLayout
        android:layout_width="fill_parent"
        android:layout_height="fill_parent"
        android:layout_weight="1"
        android:orientation="vertical">
    <ViewFlipper
        android:id="@+id/reg_vf_viewflipper"
        android:layout_width="fill_parent"
        android:layout_height="fill_parent"
        android:flipInterval="1000"
        android:persistentDrawingCache="animation">
        <include
            android:layout_width="fill_parent"
            android:layout_height="fill_parent"
            layout="@layout/include_register_phone" />
        <include
            android:layout_width="fill_parent"
            android:layout_height="fill_parent"
            layout="@layout/include_register_verify" />
```

```xml
        <include
            android:layout_width="fill_parent"
            android:layout_height="fill_parent"
            layout="@layout/include_register_setpwd" />
        <include
            android:layout_width="fill_parent"
            android:layout_height="fill_parent"
            layout="@layout/include_register_baseinfo" />
        <include
            android:layout_width="fill_parent"
            android:layout_height="fill_parent"
            layout="@layout/include_register_birthday" />
        <include
            android:layout_width="fill_parent"
            android:layout_height="fill_parent"
            layout="@layout/include_register_photo" />
    </ViewFlipper>
</LinearLayout>
<LinearLayout
        android:layout_width="fill_parent"
        android:layout_height="wrap_content"
        android:background="@drawable/bg_unlogin_bar"
        android:gravity="center_vertical"
        android:orientation="horizontal"
        android:paddingBottom="4dip"
        android:paddingLeft="8dip"
        android:paddingRight="8dip"
        android:paddingTop="4dip">
    <Button
        android:id="@+id/reg_btn_previous"
        android:layout_width="wrap_content"
        android:layout_height="42dip"
        android:layout_marginRight="9dip"
        android:layout_weight="1"
        android:background="@drawable/btn_bottombar"
        android:gravity="center"
        android:textColor="@color/profile_bottom_text_color"
        android:textSize="14sp" />
    <Button
```

```
                android:id="@+id/reg_btn_next"
                android:layout_width="wrap_content"
                android:layout_height="42dip"
                android:layout_marginLeft="9dip"
                android:layout_weight="1"
                android:background="@drawable/btn_bottombar"
                android:gravity="center"
                android:textColor="@color/profile_bottom_text_color"
                android:textSize="14sp" />
        </LinearLayout>
    </LinearLayout>
    <ImageView
        android:layout_width="fill_parent"
        android:layout_height="wrap_content"
        android:layout_below="@+id/reg_header"
        android:background="@drawable/bg_topbar_shadow"
        android:focusable="true" />
</RelativeLayout>
```

12.3.2　注册界面 Activity

注册界面 Activity 的实现文件是 RegisterActivity.java，功能是监听用户单击屏幕操作，根据用户在表单中输入的注册信息进行验证，代码如下：

```
public class RegisterActivity extends BaseActivity implements OnClickListener,
        onNextActionListener {
    private HeaderLayout mHeaderLayout;
    private ViewFlipper mVfFlipper;
    private Button mBtnPrevious;
    private Button mBtnNext;
    private BaseDialog mBackDialog;
    private RegisterStep mCurrentStep;
    private StepPhone mStepPhone;
    private StepVerify mStepVerify;
    private StepSetPassword mStepSetPassword;
    private StepBaseInfo mStepBaseInfo;
    private StepBirthday mStepBirthday;
    private StepPhoto mStepPhoto;
    private int mCurrentStepIndex = 1;
```

```
    @Override
    protected void onCreate(Bundle savedInstanceState) {
        super.onCreate(savedInstanceState);
        setContentView(R.layout.activity_register);
        initViews();
        mCurrentStep = initStep();
        initEvents();
        initBackDialog();
    }
    @Override
    protected void onDestroy() {
        PhotoUtils.deleteImageFile();
        super.onDestroy();
    }
    @Override
    protected void initViews() {
        mHeaderLayout = (HeaderLayout) findViewById(R.id.reg_header);
        mHeaderLayout.init(HeaderStyle.TITLE_RIGHT_TEXT);
        mVfFlipper = (ViewFlipper) findViewById(R.id.reg_vf_viewflipper);
        mVfFlipper.setDisplayedChild(0);
        mBtnPrevious = (Button) findViewById(R.id.reg_btn_previous);
        mBtnNext = (Button) findViewById(R.id.reg_btn_next);
    }
    @Override
    protected void initEvents() {
        mCurrentStep.setOnNextActionListener(this);
        mBtnPrevious.setOnClickListener(this);
        mBtnNext.setOnClickListener(this);
    }
    @Override
    public void onBackPressed() {
        if (mCurrentStepIndex <= 1) {
            mBackDialog.show();
        } else {
            doPrevious();
        }
    }
    @Override
    public void onClick(View arg0) {
        switch (arg0.getId()) {
```

```
    case R.id.reg_btn_previous:
        if (mCurrentStepIndex <= 1) {
            mBackDialog.show();
        } else {
            doPrevious();
        }
        break;

    case R.id.reg_btn_next:
        if (mCurrentStepIndex < 6) {
            doNext();
        } else {
            if (mCurrentStep.validate()) {
                mCurrentStep.doNext();
            }
        }
        break;
    }
}
@SuppressWarnings("deprecation")
@Override
protected void onActivityResult(int requestCode, int resultCode, Intent data) {
    super.onActivityResult(requestCode, resultCode, data);
    switch (requestCode) {
    case PhotoUtils.INTENT_REQUEST_CODE_ALBUM:
        if (data == null) {
            return;
        }
        if (resultCode == RESULT_OK) {
            if (data.getData() == null) {
                return;
            }
            if (!FileUtils.isSdcardExist()) {
                showCustomToast("SD 卡不可用,请检查");
                return;
            }
            Uri uri = data.getData();
            String[] proj = { MediaStore.Images.Media.DATA };
            Cursor cursor = managedQuery(uri, proj, null, null, null);
            if (cursor != null) {
```

```
                    int column_index = cursor
                .getColumnIndexOrThrow(MediaStore.Images.Media.DATA);
                    if (cursor.getCount() > 0 && cursor.moveToFirst()) {
                        String path = cursor.getString(column_index);
                        Bitmap bitmap = BitmapFactory.decodeFile(path);
                        if (PhotoUtils.bitmapIsLarge(bitmap)) {
                            PhotoUtils.cropPhoto(this, this, path);
                        } else {
                            mStepPhoto.setUserPhoto(bitmap);
                        }
                    }
                }
            }
        break;
    case PhotoUtils.INTENT_REQUEST_CODE_CAMERA:
        if (resultCode == RESULT_OK) {
            String path = mStepPhoto.getTakePicturePath();
            Bitmap bitmap = BitmapFactory.decodeFile(path);
            if (PhotoUtils.bitmapIsLarge(bitmap)) {
                PhotoUtils.cropPhoto(this, this, path);
            } else {
                mStepPhoto.setUserPhoto(bitmap);
            }
        }
        break;
    case PhotoUtils.INTENT_REQUEST_CODE_CROP:
        if (resultCode == RESULT_OK) {
            String path = data.getStringExtra("path");
            if (path != null) {
                Bitmap bitmap = BitmapFactory.decodeFile(path);
                if (bitmap != null) {
                    mStepPhoto.setUserPhoto(bitmap);
                }
            }
        }
        break;
    }
}
@Override
public void next() {
```

```
        mCurrentStepIndex++;

        mCurrentStep = initStep();

        mCurrentStep.setOnNextActionListener(this);

        mVfFlipper.setInAnimation(this, R.anim.push_left_in);

        mVfFlipper.setOutAnimation(this, R.anim.push_left_out);

        mVfFlipper.showNext();

    }


    private RegisterStep initStep() {

        switch (mCurrentStepIndex) {

        case 1:

            if (mStepPhone == null) {

                mStepPhone = new StepPhone(this, mVfFlipper.getChildAt(0));

            }

            mHeaderLayout.setTitleRightText("注册新账号", null, "1/6");

            mBtnPrevious.setText("返        回");

            mBtnNext.setText("下一步");

            return mStepPhone;


        case 2:

            if (mStepVerify == null) {

                mStepVerify = new StepVerify(this, mVfFlipper.getChildAt(1));

            }

            mHeaderLayout.setTitleRightText("填写验证码", null, "2/6");

            mBtnPrevious.setText("上一步");

            mBtnNext.setText("下一步");

            return mStepVerify;


        case 3:

            if (mStepSetPassword == null) {

                mStepSetPassword = new StepSetPassword(this,

                        mVfFlipper.getChildAt(2));

            }

            mHeaderLayout.setTitleRightText("设置密码", null, "3/6");

            mBtnPrevious.setText("上一步");

            mBtnNext.setText("下一步");

            return mStepSetPassword;

            case 4:

            if (mStepBaseInfo == null) {
```

```
            mStepBaseInfo = new StepBaseInfo(this, mVfFlipper.getChildAt(3));
        }
        mHeaderLayout.setTitleRightText("填写基本资料", null, "4/6");
        mBtnPrevious.setText("上一步");
        mBtnNext.setText("下一步");
        return mStepBaseInfo;


    case 5:
        if (mStepBirthday == null) {
            mStepBirthday = new StepBirthday(this, mVfFlipper.getChildAt(4));
        }
        mHeaderLayout.setTitleRightText("您的生日", null, "5/6");
        mBtnPrevious.setText("上一步");
        mBtnNext.setText("下一步");
        return mStepBirthday;


    case 6:
        if (mStepPhoto == null) {
            mStepPhoto = new StepPhoto(this, mVfFlipper.getChildAt(5));
        }
        mHeaderLayout.setTitleRightText("设置头像", null, "6/6");
        mBtnPrevious.setText("上一步");
        mBtnNext.setText("注    册");
        return mStepPhoto;
    }
    return null;
}


private void doPrevious() {
    mCurrentStepIndex--;
    mCurrentStep = initStep();
    mCurrentStep.setOnNextActionListener(this);
    mVfFlipper.setInAnimation(this, R.anim.push_right_in);
    mVfFlipper.setOutAnimation(this, R.anim.push_right_out);
    mVfFlipper.showPrevious();
}
private void doNext() {
    if (mCurrentStep.validate()) {
        if (mCurrentStep.isChange()) {
```

```java
                mCurrentStep.doNext();
            } else {
                next();
            }
        }
    }
    private void initBackDialog() {
        mBackDialog = BaseDialog.getDialog(RegisterActivity.this, "提示",
                "确认要放弃注册吗?", "确认", new DialogInterface.OnClickListener() {

                    @Override
                    public void onClick(DialogInterface dialog, int which) {
                        dialog.dismiss();
                        finish();
                    }
                }, "取消", new DialogInterface.OnClickListener() {

                    @Override
                    public void onClick(DialogInterface dialog, int which) {
                        dialog.cancel();
                    }
                });
        mBackDialog.setButton1Background(R.drawable.btn_default_popsubmit);

    }
    @Override
    protected void putAsyncTask(AsyncTask<Void, Void, Boolean> asyncTask) {
        super.putAsyncTask(asyncTask);
    }
    @Override
    protected void showCustomToast(String text) {
        super.showCustomToast(text);
    }
    @Override
    protected void showLoadingDialog(String text) {
        super.showLoadingDialog(text);
    }
    @Override
    protected void dismissLoadingDialog() {
```

```
            super.dismissLoadingDialog();
        }
        protected int getScreenWidth() {
            return mScreenWidth;
        }
        protected BaseApplication getBaseApplication() {
            return mApplication;
        }
        protected String getPhoneNumber() {
            if (mStepPhone != null) {
                return mStepPhone.getPhoneNumber();
            }
            return "";
        }


    }
```

如果注册的手机号正确，则系统会弹出验证码界面，运行结果如图 12.3 所示。

图 12.3

12.3.3 输入验证码界面

输入验证码界面 Activity 的实现文件是 StepVerify.java，功能是验证用户输入的验证号码是否合法。在本系统中，设置的固定验证号码是"123456"，代码如下：

```
public class StepVerify extends RegisterStep implements OnClickListener,
    TextWatcher {
```

```java
private HandyTextView mHtvPhoneNumber;
private EditText mEtVerifyCode;
private Button mBtnResend;
private HandyTextView mHtvNoCode;
private static final String PROMPT = "验证码已经发送到* ";
private static final String DEFAULT_VALIDATE_CODE = "123456";
private boolean mIsChange = true;
private String mVerifyCode;
private int mReSendTime = 60;
private BaseDialog mBaseDialog;

public StepVerify(RegisterActivity activity, View contentRootView) {
    super(activity, contentRootView);
    handler.sendEmptyMessage(0);
}


@Override
public void initViews() {
    mHtvPhoneNumber = (HandyTextView) findViewById(R.id.reg_verify_htv_phonenumber);
    mHtvPhoneNumber.setText(PROMPT + getPhoneNumber());
    mEtVerifyCode = (EditText) findViewById(R.id.reg_verify_et_verifycode);
    mBtnResend = (Button) findViewById(R.id.reg_verify_btn_resend);
    mBtnResend.setEnabled(false);
    mBtnResend.setText("重发(60)");
    mHtvNoCode = (HandyTextView) findViewById(R.id.reg_verify_htv_nocode);
    TextUtils.addUnderlineText(mContext, mHtvNoCode, 0, mHtvNoCode
            .getText().toString().length());
}

@Override
public void initEvents() {
    mBtnResend.setOnClickListener(this);
    mHtvNoCode.setOnClickListener(this);
    mEtVerifyCode.addTextChangedListener(this);
}

@Override
public void doNext() {
    putAsyncTask(new AsyncTask<Void, Void, Boolean>() {
```

```java
@Override
protected void onPreExecute() {
    super.onPreExecute();
    showLoadingDialog("正在验证，请稍候...");
}
@Override
protected Boolean doInBackground(Void... params) {
    try {
        Thread.sleep(2000);
        if (DEFAULT_VALIDATE_CODE.equals(mVerifyCode)) {
            return true;
        }
    } catch (InterruptedException e) {

    }
    return false;
}
@Override
protected void onPostExecute(Boolean result) {
    super.onPostExecute(result);
    dismissLoadingDialog();
    if (result) {
        mIsChange = false;
        mOnNextActionListener.next();
    } else {
        mBaseDialog = BaseDialog.getDialog(mContext, "提示", "验证码错误",
            "确认", new DialogInterface.OnClickListener() {

                @Override
                public void onClick(DialogInterface dialog,
                        int which) {
                    mEtVerifyCode.requestFocus();
                    dialog.dismiss();
                }

            });
        mBaseDialog.show();
    }
}
```

```
        });
    }
    @Override
    public boolean validate() {
        if (isNull(mEtVerifyCode)) {
            showCustomToast("请输入验证码");
            mEtVerifyCode.requestFocus();
            return false;
        }
        mVerifyCode = mEtVerifyCode.getText().toString().trim();
        return true;
    }
    @Override
    public boolean isChange() {
        return mIsChange;
    }
    @Override
    public void onClick(View v) {
        switch (v.getId()) {
        case R.id.reg_verify_btn_resend:
            handler.sendEmptyMessage(0);
            break;

        case R.id.reg_verify_htv_nocode:
            showCustomToast("抱歉,暂时不支持此操作");
            break;
        }
    }
    @Override
    public void afterTextChanged(Editable s) {

    }
    @Override
    public void beforeTextChanged(CharSequence s, int start, int count,
            int after) {
    }
    @Override
    public void onTextChanged(CharSequence s, int start, int before, int count) {
        mIsChange = true;
    }
```

```
Handler handler = new Handler() {
    @Override
    public void handleMessage(Message msg) {
        super.handleMessage(msg);
        if (mReSendTime > 1) {
            mReSendTime--;
            mBtnResend.setEnabled(false);
            mBtnResend.setText("重发(" + mReSendTime + ")");
            handler.sendEmptyMessageDelayed(0, 1000);
        } else {
            mReSendTime = 60;
            mBtnResend.setEnabled(true);
            mBtnResend.setText("重        发");
        }
    }
};

}
```

12.3.4　设置密码界面 Activity

如果输入的验证码正确，单击"下一步"按钮后系统会跳转到设置密码界面，在界面上方显示两个文本框供用户输入登录密码和确认密码，在界面下方显示"上一步"和"下一步"按钮，运行结果如图 12.4 所示。

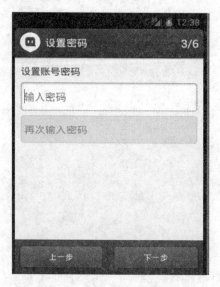

图 12.4

设置密码界面 Activity 的实现文件是 StepSetPassword.java，功能是验证注册用户输入的两个密码是否完全一致并且在 6 位以上，代码如下：

```java
public class StepSetPassword extends RegisterStep implements TextWatcher {
    private EditText mEtPwd;
    private EditText mEtRePwd;
    private boolean mIsChange = true;
    public StepSetPassword(RegisterActivity activity, View contentRootView) {
        super(activity, contentRootView);
    }
    @Override
    public void initViews() {
        mEtPwd = (EditText) findViewById(R.id.reg_setpwd_et_pwd);
        mEtRePwd = (EditText) findViewById(R.id.reg_setpwd_et_repwd);
    }
    @Override
    public void initEvents() {
        mEtPwd.addTextChangedListener(this);
        mEtRePwd.addTextChangedListener(this);
    }

    @Override
    public void doNext() {
        mIsChange = false;
        mOnNextActionListener.next();
    }
    @Override
    public boolean validate() {
        String pwd = null;
        String rePwd = null;
        if (isNull(mEtPwd)) {
            showCustomToast("请输入密码");
            mEtPwd.requestFocus();
            return false;
        } else {
            pwd = mEtPwd.getText().toString().trim();
            if (pwd.length() < 6) {
                showCustomToast("密码不能小于 6 位");
                mEtPwd.requestFocus();
                return false;
            }
        }
```

```
        if (isNull(mEtRePwd)) {
            showCustomToast("请重复输入一次密码");
            mEtRePwd.requestFocus();
            return false;
        } else {
            rePwd = mEtRePwd.getText().toString().trim();
            if (!pwd.equals(rePwd)) {
                showCustomToast("两次输入的密码不一致");
                mEtRePwd.requestFocus();
                return false;
            }
        }
        return true;
    }
    @Override
    public boolean isChange() {
        return mIsChange;
    }
    @Override
    public void afterTextChanged(Editable s) {

    }
    @Override
    public void beforeTextChanged(CharSequence s, int start, int count,
            int after) {

    }
    @Override
    public void onTextChanged(CharSequence s, int start, int before, int count) {
        mIsChange = true;
    }

}
```

12.3.5　设置用户界面 Activity

如果输入的密码正确，单击"下一步"按钮系统会跳转到设置用户界面，在界面上显示一个文本框供用户输入用户名，显示一个单选按钮供用户选择性别，在界面下方显示"上一步"或"下一步"按钮，运行结果如图 12.5 所示。

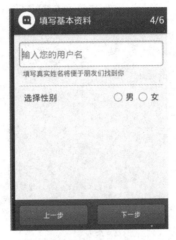

图 12.5

设置用户界面 Activity 的实现文件是 StepBaseInfo.java，功能是验证是否输入用户名并选择性别，代码如下：

```java
public class StepBaseInfo extends RegisterStep implements TextWatcher,
        OnCheckedChangeListener {
    private EditText mEtName;
    private RadioGroup mRgGender;
    private RadioButton mRbMale;
    private RadioButton mRbFemale;
    private boolean mIsChange = true;
    private boolean mIsGenderAlert;
    private BaseDialog mBaseDialog;

    public StepBaseInfo(RegisterActivity activity, View contentRootView) {
        super(activity, contentRootView);
    }

    @Override
    public void initViews() {
        mEtName = (EditText) findViewById(R.id.reg_baseinfo_et_name);
        mRgGender = (RadioGroup) findViewById(R.id.reg_baseinfo_rg_gender);
        mRbMale = (RadioButton) findViewById(R.id.reg_baseinfo_rb_male);
        mRbFemale = (RadioButton) findViewById(R.id.reg_baseinfo_rb_female);
    }
    @Override
    public void initEvents() {
        mEtName.addTextChangedListener(this);
        mRgGender.setOnCheckedChangeListener(this);
```

```java
    }
    @Override
    public void doNext() {
        mOnNextActionListener.next();
    }
    @Override
    public boolean validate() {
        if (isNull(mEtName)) {
            showCustomToast("请输入用户名");
            mEtName.requestFocus();
            return false;
        }
        if (mRgGender.getCheckedRadioButtonId() < 0) {
            showCustomToast("请选择性别");
            return false;
        }
        return true;
    }
    @Override
    public boolean isChange() {
        return mIsChange;
    }

    @Override
    public void onCheckedChanged(RadioGroup group, int checkedId) {
        mIsChange = true;
        if (!mIsGenderAlert) {
            mIsGenderAlert = true;
            mBaseDialog = BaseDialog.getDialog(mContext,"提示","注册成功后性别将不可更改",
                    "确认", new DialogInterface.OnClickListener() {

                        @Override
                        public void onClick(DialogInterface dialog, int which) {
                            dialog.dismiss();
                        }
                    });
            mBaseDialog.show();
        }
        switch (checkedId) {
        case R.id.reg_baseinfo_rb_male:
```

```
        mRbMale.setChecked(true);
        break;

    case R.id.reg_baseinfo_rb_female:
        mRbFemale.setChecked(true);
        break;
    }
}
@Override
public void afterTextChanged(Editable s) {


}
@Override
public void beforeTextChanged(CharSequence s, int start, int count,
        int after) {

}
@Override
public void onTextChanged(CharSequence s, int start, int before, int count) {
    mIsChange = true;

}
}
```

12.3.6 设置生日界面 Activity

如果设置的用户名和性别正确，单击"下一步"按钮后系统会跳转到设置生日界面，在界面上方显示年、月、日，供用户选择生日，再单击下方"上一步"和"下一步"按钮，运行结果如图 12.6 所示。

图 12.6

设置生日界面 Activity 的实现文件是 StepBirthday.java，功能是验证用户设置的年龄的正确性，系统要求的正确年龄范围在 12～100 岁之间，代码如下：

```java
public class StepBirthday extends RegisterStep implements OnDateChangedListener {
    private HandyTextView mHtvConstellation;
    private HandyTextView mHtvAge;
    private DatePicker mDpBirthday;
    private Calendar mCalendar;
    private Date mMinDate;
    private Date mMaxDate;
    private Date mSelectDate;
    private static final int MAX_AGE = 100;
    private static final int MIN_AGE = 12;

    public StepBirthday(RegisterActivity activity, View contentRootView) {
        super(activity, contentRootView);
        initData();

    }
    private void flushBirthday(Calendar calendar) {
        String constellation = TextUtils.getConstellation(
                calendar.get(Calendar.MONTH),
                calendar.get(Calendar.DAY_OF_MONTH));
        mSelectDate = calendar.getTime();
        mHtvConstellation.setText(constellation);
        int age = TextUtils.getAge(calendar.get(Calendar.YEAR),
                calendar.get(Calendar.MONTH),
                calendar.get(Calendar.DAY_OF_MONTH));
        mHtvAge.setText(age + "");
    }
    private void initData() {
        mSelectDate = DateUtils.getDate("19900101");

        Calendar mMinCalendar = Calendar.getInstance();
        Calendar mMaxCalendar = Calendar.getInstance();

        mMinCalendar.set(Calendar.YEAR, mMinCalendar.get(Calendar.YEAR)
                - MIN_AGE);
        mMinDate = mMinCalendar.getTime();
        mMaxCalendar.set(Calendar.YEAR, mMaxCalendar.get(Calendar.YEAR)
```

```
            - MAX_AGE);
    mMaxDate = mMaxCalendar.getTime();


    mCalendar = Calendar.getInstance();
    mCalendar.setTime(mSelectDate);
    flushBirthday(mCalendar);
    mDpBirthday.init(mCalendar.get(Calendar.YEAR),
            mCalendar.get(Calendar.MONTH),
            mCalendar.get(Calendar.DAY_OF_MONTH), this);
}


@Override
public void initViews() {
    mHtvConstellation = (HandyTextView) findViewById(R.id.reg_birthday_htv_constellation);
    mHtvAge = (HandyTextView) findViewById(R.id.reg_birthday_htv_age);
    mDpBirthday = (DatePicker) findViewById(R.id.reg_birthday_dp_birthday);
}
@Override
public void initEvents() {


}
@Override
public void doNext() {
    mOnNextActionListener.next();
}
@Override
public boolean validate() {
    return true;
}
@Override
public boolean isChange() {
    return false;
}
@Override
public void onDateChanged(DatePicker view, int year, int monthOfYear,
        int dayOfMonth) {
    mCalendar = Calendar.getInstance();
    mCalendar.set(year, monthOfYear, dayOfMonth);
    if (mCalendar.getTime().after(mMinDate)
```

```
          || mCalendar.getTime().before(mMaxDate)) {
        mCalendar.setTime(mSelectDate);
        mDpBirthday.init(mCalendar.get(Calendar.YEAR),
                mCalendar.get(Calendar.MONTH),
                mCalendar.get(Calendar.DAY_OF_MONTH), this);
    } else {
        flushBirthday(mCalendar);
    }
  }
}
```

12.3.7　设置头像界面 Activity

如果设置的年龄正确，单击"下一步"按钮后系统会跳转到设置头像界面，在界面上方显示选择图片按钮供用户快速设置头像，在界面下方显示"上一步"和"注册"按钮，运行结果如图 12.7 所示。

图 12.7

设置头像界面 Activity 的实现文件是 StepPhone.java，功能是验证用户是否设置了头像，代码如下：

```
public class StepPhoto extends RegisterStep implements OnClickListener {

    private HandyTextView mHtvRecommendation;
    private ImageView mIvUserPhoto;
    private LinearLayout mLayoutSelectPhoto;
    private LinearLayout mLayoutTakePicture;
```

```java
private LinearLayout mLayoutAvatars;
private View[] mMemberBlocks;
private String[] mAvatars = new String[] { "welcome_0", "welcome_1",
        "welcome_2", "welcome_3", "welcome_4", "welcome_5" };
private String[] mDistances = new String[] { "0.84km", "1.02km", "1.34km",
        "1.88km", "2.50km", "2.78km" };
private String mTakePicturePath;
private Bitmap mUserPhoto;
private EditTextDialog mEditTextDialog;
public StepPhoto(RegisterActivity activity, View contentRootView) {
    super(activity, contentRootView);
    initAvatarsItem();
}
private void initAvatarsItem() {
    initMemberBlocks();
    for (int i = 0; i < mMemberBlocks.length; i++) {
        ((ImageView) mMemberBlocks[i]
                .findViewById(R.id.welcome_item_iv_avatar))
                .setImageBitmap(getBaseApplication().getAvatar(mAvatars[i]));
        ((HandyTextView) mMemberBlocks[i]
                .findViewById(R.id.welcome_item_htv_distance))
                .setText(mDistances[i]);
    }
}
private void initMemberBlocks() {
    mMemberBlocks = new View[6];
    mMemberBlocks[0] = findViewById(R.id.reg_photo_include_member_avatar_block0);
    mMemberBlocks[1] = findViewById(R.id.reg_photo_include_member_avatar_block1);
    mMemberBlocks[2] = findViewById(R.id.reg_photo_include_member_avatar_block2);
    mMemberBlocks[3] = findViewById(R.id.reg_photo_include_member_avatar_block3);
    mMemberBlocks[4] = findViewById(R.id.reg_photo_include_member_avatar_block4);
    mMemberBlocks[5] = findViewById(R.id.reg_photo_include_member_avatar_block5);

    int margin = (int) TypedValue.applyDimension(
            TypedValue.COMPLEX_UNIT_DIP, 4, mContext.getResources()
                    .getDisplayMetrics());
    int widthAndHeight = (getScreenWidth() - margin * 12) / 6;
    for (int i = 0; i < mMemberBlocks.length; i++) {
        ViewGroup.LayoutParams params = mMemberBlocks[i].findViewById(
```

```
                            R.id.welcome_item_iv_avatar).getLayoutParams();
            params.width = widthAndHeight;
            params.height = widthAndHeight;
            mMemberBlocks[i].findViewById(R.id.welcome_item_iv_avatar)
                    .setLayoutParams(params);
        }
        mLayoutAvatars.invalidate();
    }
    public void setUserPhoto(Bitmap bitmap) {
        if (bitmap != null) {
            mUserPhoto = bitmap;
            mIvUserPhoto.setImageBitmap(mUserPhoto);
            return;
        }
        showCustomToast("未获取到图片");
        mUserPhoto = null;
mIvUserPhoto.setImageResource(R.drawable.ic_common_def_header);
    }
    public String getTakePicturePath() {
        return mTakePicturePath;
    }
    @Override
    public void initViews() {
mHtvRecommendation=(HandyTextView)findViewById(R.id.reg_photo_htv_recommendation);
        mIvUserPhoto = (ImageView) findViewById(R.id.reg_photo_iv_userphoto);
        mLayoutSelectPhoto = (LinearLayout) findViewById(R.id.reg_photo_layout_selectphoto);
        mLayoutTakePicture = (LinearLayout) findViewById(R.id.reg_photo_layout_takepicture);
        mLayoutAvatars = (LinearLayout) findViewById(R.id.reg_photo_layout_avatars);
    }
    @Override
    public void initEvents() {
        mHtvRecommendation.setOnClickListener(this);
        mLayoutSelectPhoto.setOnClickListener(this);
        mLayoutTakePicture.setOnClickListener(this);
    }
    @Override
    public boolean validate() {
        if (mUserPhoto == null) {
            showCustomToast("请添加头像");
```

```
            return false;
        }
        return true;
    }
    @Override
    public void doNext() {
        putAsyncTask(new AsyncTask<Void, Void, Boolean>() {

            @Override
            protected void onPreExecute() {
                super.onPreExecute();
                showLoadingDialog("请稍候，正在提交...");
            }
            @Override
            protected Boolean doInBackground(Void... params) {
                try {
                    Thread.sleep(2000);
                    return true;
                } catch (InterruptedException e) {

                }
                return false;
            }
        @Override
        protected void onPostExecute(Boolean result) {
            super.onPostExecute(result);
            dismissLoadingDialog();
            if (result) {
                mActivity.finish();
            }
        }

        });
    }
    @Override
    public boolean isChange() {
        return false;
    }
    @Override
```

```
Public void onClick(View v) {
    switch (v.getId()) {
    case R.id.reg_photo_htv_recommendation:
        mEditTextDialog = new EditTextDialog(mContext);
        mEditTextDialog.setTitle("填写推荐人");
        mEditTextDialog.setButton("取消",
                new DialogInterface.OnClickListener() {
                    @Override
                    public void onClick(DialogInterface dialog, int which) {
                        mEditTextDialog.cancel();
                    }
                }, "确认", new DialogInterface.OnClickListener() {

                    @Override
                    public void onClick(DialogInterface dialog, int which) {
                        String text = mEditTextDialog.getText();
                        if (text == null) {
                            mEditTextDialog.requestFocus();
                            showCustomToast("请输入推荐人号码");
                        } else {
                            mEditTextDialog.dismiss();
                            showCustomToast("您输入的推荐人号码为:" + text);
                        }
                    }
                });
        mEditTextDialog.show();
        break;

    case R.id.reg_photo_layout_selectphoto:
        PhotoUtils.selectPhoto(mActivity);
        break;

    case R.id.reg_photo_layout_takepicture:
        mTakePicturePath = PhotoUtils.takePicture(mActivity);
        break;
    }
}

}
```

设置头像完毕后，单击"注册"按钮完成注册。

12.4 实现系统主界面

当用户输入正确的注册信息登录陌陌后，系统会首先显示系统主界面，运行结果如图
12.8 所示。

图 12.8

12.4.1 主界面布局

系统主界面的布局文件是 activity_maintabs.xml，功能是使用 TabWidget 控件将屏幕界
面分割成 5 个部分，代码如下：

```
<?xml version="1.0" encoding="utf-8"?>
<TabHost xmlns:android="http://schemas.android.com/apk/res/android"
    android:id="@android:id/tabhost"
    android:layout_width="fill_parent"
    android:layout_height="fill_parent">

    <LinearLayout
        android:layout_width="fill_parent"
        android:layout_height="wrap_content"
        android:background="#ffffffff">
```

```xml
        <RelativeLayout
            android:layout_width="fill_parent"
            android:layout_height="wrap_content">

            <FrameLayout
                android:id="@android:id/tabcontent"
                android:layout_width="fill_parent"
                android:layout_height="fill_parent"
                android:layout_above="@android:id/tabs"
                android:background="@color/background_normal" />

            <TabWidget
                android:id="@android:id/tabs"
                android:layout_width="fill_parent"
                android:layout_height="wrap_content"
                android:layout_alignParentBottom="true"
                android:divider="@null" />
        </RelativeLayout>
    </LinearLayout>

</TabHost>
```

12.4.2　实现主界面 Activity

主界面 Activity 的实现文件是 MainTabActivity.java，功能是通过函数 initTabs()初始化显示 TabWidget 控件的内容，默认设置为显示"附近的人"，代码如下：

```java
public class MainTabActivity extends TabActivity {
    private TabHost mTabHost;

    @Override
    protected void onCreate(Bundle savedInstanceState) {
        super.onCreate(savedInstanceState);
        setContentView(R.layout.activity_maintabs);
        initViews();
        initTabs();
    }

    private void initViews() {
        mTabHost = getTabHost();
```

```
}

private void initTabs() {
    LayoutInflater inflater = LayoutInflater.from(MainTabActivity.this);

    View nearbyView = inflater.inflate(
            R.layout.common_bottombar_tab_nearby, null);
    TabHost.TabSpec nearbyTabSpec = mTabHost.newTabSpec(
            NearByActivity.class.getName()).setIndicator(nearbyView);
    nearbyTabSpec.setContent(new Intent(MainTabActivity.this,
            NearByActivity.class));
    mTabHost.addTab(nearbyTabSpec);

    View nearbyFeedsView = inflater.inflate(
            R.layout.common_bottombar_tab_site, null);
    TabHost.TabSpec nearbyFeedsTabSpec = mTabHost.newTabSpec(
            NearByFeedsActivity.class.getName()).setIndicator(
            nearbyFeedsView);
    nearbyFeedsTabSpec.setContent(new Intent(MainTabActivity.this,
            NearByFeedsActivity.class));
    mTabHost.addTab(nearbyFeedsTabSpec);

    View sessionListView = inflater.inflate(
            R.layout.common_bottombar_tab_chat, null);
    TabHost.TabSpec sessionListTabSpec = mTabHost.newTabSpec(
            SessionListActivity.class.getName()).setIndicator(
            sessionListView);
    sessionListTabSpec.setContent(new Intent(MainTabActivity.this,
            SessionListActivity.class));
    mTabHost.addTab(sessionListTabSpec);

    View contactView = inflater.inflate(
            R.layout.common_bottombar_tab_friend, null);
    TabHost.TabSpec contactTabSpec = mTabHost.newTabSpec(
            ContactTabsActivity.class.getName()).setIndicator(contactView);
    contactTabSpec.setContent(new Intent(MainTabActivity.this,
            ContactTabsActivity.class));
    mTabHost.addTab(contactTabSpec);
```

```
            View userSettingView = inflater.inflate(
                R.layout.common_bottombar_tab_profile, null);
            TabHost.TabSpec userSettingTabSpec = mTabHost.newTabSpec(
                UserSettingActivity.class.getName()).setIndicator(
                userSettingView);
            userSettingTabSpec.setContent(new Intent(MainTabActivity.this,
                UserSettingActivity.class));
            mTabHost.addTab(userSettingTabSpec);


        }
    }
```

12.4.3　实现"附近的人"界面

在系统主界面中，中间大部分内容显示的是"附近的人"信息，此功能的实现布局文件是 common_bottombar_tab_nearby.xml，代码如下：

```xml
<?xml version="1.0" encoding="utf-8"?>
<RelativeLayout xmlns:android="http://schemas.android.com/apk/res/android"
    android:layout_width="0dip"
    android:layout_height="40dip"
    android:layout_weight="1"
    android:background="@drawable/bg_tb_item_center"
    android:paddingBottom="2dip">


    <com.immomo.momo.android.view.HandyTextView
        android:layout_width="wrap_content"
        android:layout_height="wrap_content"
        android:layout_centerInParent="true"
        android:drawableTop="@drawable/ic_tab_nearby"
        android:gravity="center_horizontal"
        android:text="附近"
        android:textColor="@color/maintab_text_color"
        android:textSize="11sp"
        android:shadowDx="0.0"
        android:shadowDy="-1.0"
        android:shadowRadius="1.0"/>


</RelativeLayout>
```

"附近的人"界面 Activity 的实现文件是 NearByActivity.java，功能是在顶部显示"附

近"和"群组"和"个人"选项卡，并监听用户单击屏幕事件，根据用户操作执行对应的
事件处理函数。例如单击搜索图片可以根据关键字快速检索附近的人，代码如下：

```java
public class NearByActivity extends TabItemActivity {

    private HeaderLayout mHeaderLayout;
    private HeaderSpinner mHeaderSpinner;
    private NearByPeopleFragment mPeopleFragment;
    private NearByGroupFragment mGroupFragment;

    private NearByPopupWindow mPopupWindow;

    @Override
    protected void onCreate(Bundle savedInstanceState) {
        super.onCreate(savedInstanceState);
        setContentView(R.layout.activity_nearby);
        initPopupWindow();
        initViews();
        initEvents();
        init();
    }

    @Override
    protected void initViews() {
        mHeaderLayout = (HeaderLayout) findViewById(R.id.nearby_header);
        mHeaderLayout.initSearch(new OnSearchClickListener());
        mHeaderSpinner = mHeaderLayout.setTitleNearBy("附近",
                new OnSpinnerClickListener(), "附近群组",
                R.drawable.ic_topbar_search,
                new OnMiddleImageButtonClickListener(), "个人", "群组",
                new OnSwitcherButtonClickListener());
        mHeaderLayout.init(HeaderStyle.TITLE_NEARBY_PEOPLE);
    }

    @Override
    protected void initEvents() {

    }

    @Override
```

```java
Protected void init() {
    mPeopleFragment = new NearByPeopleFragment(mApplication, this, this);
    mGroupFragment = new NearByGroupFragment(mApplication, this, this);
    FragmentTransaction ft = getSupportFragmentManager().beginTransaction();
    ft.replace(R.id.nearby_layout_content, mPeopleFragment).commit();
}

private void initPopupWindow() {
    mPopupWindow = new NearByPopupWindow(this);
    mPopupWindow.setOnSubmitClickListener(new onSubmitClickListener() {

        @Override
        public void onClick() {
            mPeopleFragment.onManualRefresh();
        }
    });
    mPopupWindow.setOnDismissListener(new OnDismissListener() {

        @Override
        public void onDismiss() {
            mHeaderSpinner.initSpinnerState(false);
        }
    });
}

public class OnSpinnerClickListener implements onSpinnerClickListener {

    @Override
    public void onClick(boolean isSelect) {
        if (isSelect) {
            mPopupWindow
                    .showViewTopCenter(findViewById(R.id.nearby_layout_root));
        } else {
            mPopupWindow.dismiss();
        }
    }
}

public class OnSearchClickListener implements onSearchListener {
```

```java
@Override
public void onSearch(EditText et) {
    String s = et.getText().toString().trim();
    if (TextUtils.isEmpty(s)) {
        showCustomToast("请输入搜索关键字");
        et.requestFocus();
    } else {
        ((InputMethodManager) getSystemService(INPUT_METHOD_SERVICE))
                .hideSoftInputFromWindow(NearByActivity.this
                        .getCurrentFocus().getWindowToken(),
                    InputMethodManager.HIDE_NOT_ALWAYS);
        putAsyncTask(new AsyncTask<Void, Void, Boolean>() {

            @Override
            protected void onPreExecute() {
                super.onPreExecute();
                mHeaderLayout.changeSearchState(SearchState.SEARCH);
            }

            @Override
            protected Boolean doInBackground(Void... params) {
                try {
                    Thread.sleep(2000);
                } catch (InterruptedException e) {
                    e.printStackTrace();
                }
                return false;
            }

            @Override
            protected void onPostExecute(Boolean result) {
                super.onPostExecute(result);
                mHeaderLayout.changeSearchState(SearchState.INPUT);
                showCustomToast("未找到搜索的群");
            }
        });
    }
}
```

```
    }

    public class OnMiddleImageButtonClickListener implements
        onMiddleImageButtonClickListener {

    @Override
        public void onClick() {
            mHeaderLayout.showSearch();
        }
    }

    public class OnSwitcherButtonClickListener implements
            onSwitcherButtonClickListener {

        @Override
        public void onClick(SwitcherButtonState state) {
            FragmentTransaction ft = getSupportFragmentManager()
                    .beginTransaction();
            ft.setCustomAnimations(R.anim.fragment_fadein,
                    R.anim.fragment_fadeout);
            switch (state) {
            case LEFT:
                mHeaderLayout.init(HeaderStyle.TITLE_NEARBY_PEOPLE);
                ft.replace(R.id.nearby_layout_content, mPeopleFragment)
                        .commit();
                break;

            case RIGHT:
                mHeaderLayout.init(HeaderStyle.TITLE_NEARBY_GROUP);
                ft.replace(R.id.nearby_layout_content, mGroupFragment).commit();
                break;
            }
        }

    }

    @Override
    public void onBackPressed() {
```

```
    if (mHeaderLayout.searchIsShowing()) {
        clearAsyncTask();
        mHeaderLayout.dismissSearch();
        mHeaderLayout.clearSearch();
        mHeaderLayout.changeSearchState(SearchState.INPUT);
    } else {
        finish();
    }
  }
}
```

12.4.4　实现"附近的群组"界面

当点击顶部"群组"选项卡后，会在系统主界面中显示"附近的群组"信息。此功能的实现布局文件是 fragment_nearbygroup.xml，代码如下：

```
<?xml version="1.0" encoding="utf-8"?>
<FrameLayout xmlns:android="http://schemas.android.com/apk/res/android"
    android:layout_width="fill_parent"
    android:layout_height="fill_parent"
    android:orientation="vertical">

    <com.immomo.momo.android.view.MoMoRefreshExpandableList
        android:id="@+id/nearby_group_mmrelv_list"
        android:layout_width="fill_parent"
        android:layout_height="fill_parent"
        android:cacheColorHint="@color/transparent"
        android:divider="@null"
        android:fadingEdge="none"
        android:listSelector="@drawable/list_selector_transition">
    </com.immomo.momo.android.view.MoMoRefreshExpandableList>

    <LinearLayout
        android:id="@+id/nearby_group_layout_cover"
        android:layout_width="fill_parent"
        android:layout_height="wrap_content"
        android:clickable="true">
        <include
            layout="@layout/include_nearby_group_header"
            android:visibility="invisible" />
```

```
        </LinearLayout>

        </FrameLayout>
```

"附近的群组"界面 Activity 的实现文件是 NearByGroupFragment.java，功能是在系统主界面中加载显示附近的群组信息，并通过 onRefresh()函数进行刷新以及显示最新的群，代码如下：

```java
public class NearByGroupFragment extends BaseFragment implements
        OnClickListener, OnItemClickListener, OnRefreshListener,
        OnCancelListener {
    private LinearLayout mLayoutCover;
    private MoMoRefreshExpandableList mMmrelvList;
    private NearByGroupAdapter mAdapter;

    public NearByGroupFragment() {
        super();
    }

    public NearByGroupFragment(BaseApplication application, Activity activity,
            Context context) {
        super(application, activity, context);
    }

    @Override
    public View onCreateView(LayoutInflater inflater, ViewGroup container,
            Bundle savedInstanceState) {
        mView = inflater.inflate(R.layout.fragment_nearbygroup, container,
                false);
        return super.onCreateView(inflater, container, savedInstanceState);
    }

    @Override
    protected void initViews() {
        mLayoutCover = (LinearLayout) findViewById(R.id.nearby_group_layout_cover);
        mMmrelvList=(MoMoRefreshExpandableList)
                findViewById(R.id.nearby_group_mmrelv_list);
    }

    @Override
    protected void initEvents() {
```

```java
        mLayoutCover.setOnClickListener(this);
        mMmrelvList.setOnItemClickListener(this);
        mMmrelvList.setOnRefreshListener(this);
        mMmrelvList.setOnCancelListener(this);
    }

    @Override
    protected void init() {
        getGroups();
    }

    private void getGroups() {
        if (mApplication.mNearByGroups.isEmpty()) {
            putAsyncTask(new AsyncTask<Void, Void, Boolean>() {

                @Override
                protected void onPreExecute() {
                    super.onPreExecute();
                    showLoadingDialog("正在加载，请稍候...");
                }

                @Override
                protected Boolean doInBackground(Void... params) {
                    return JsonResolveUtils.resolveNearbyGroup(mApplication);
                }

                @Override
                protected void onPostExecute(Boolean result) {
                    super.onPostExecute(result);
                    dismissLoadingDialog();
                    if (!result) {
                        showCustomToast("数据加载失败...");
                    } else {
                        mAdapter = new NearByGroupAdapter(mApplication,
                                mContext, mApplication.mNearByGroups);
                        mMmrelvList.setAdapter(mAdapter);
                        mMmrelvList.setPinnedHeaderView(mActivity
                                .getLayoutInflater().inflate(
                                        R.layout.include_nearby_group_header,
```

```
                                        mMmrelvList, false));
                    }
                }
            });
        } else {
            mAdapter = new NearByGroupAdapter(mApplication, mContext,
                    mApplication.mNearByGroups);
            mMmrelvList.setAdapter(mAdapter);
            mMmrelvList.setPinnedHeaderView(mActivity.getLayoutInflater()
                    .inflate(R.layout.include_nearby_group_header, mMmrelvList,
                        false));
        }
    }


    @Override
    public void onRefresh() {
        putAsyncTask(new AsyncTask<Void, Void, Boolean>() {

            @Override
            protected Boolean doInBackground(Void... params) {
                try {
                    Thread.sleep(2000);
                } catch (InterruptedException e) {

                }
                return null;
            }

            @Override
            protected void onPostExecute(Boolean result) {
                super.onPostExecute(result);
                mMmrelvList.onRefreshComplete();
            }
        });

    }
    @Override
    public void onCancel() {
        clearAsyncTask();
```

```
        mMmrelvList.onRefreshComplete();
    }
    @Override
    public void onItemClick(AdapterView<?> arg0, View arg1, int arg2, long arg3) {


    }
    @Override
    public void onClick(View v) {
        if (mMmrelvList.ismHeaderViewVisible()) {
            mAdapter.onPinnedHeaderClick(mMmrelvList.getFirstItemPosition());
        } else {
            mAdapter.onPinnedHeaderClick(1);
        }
    }
}
```

至此，本章交友系统的内容介绍完毕。由于篇幅所限，本书没有讲解找回密码、聊天交流、设置、留言板等内容，有关这方面的具体内容，将在课堂上具体讲解。